매일 다르게 골라 먹는

일간 빵집

Everyday Home Bakery

*Plain Bread Bagel Campagne Baguette
Salt Bread Croissant Dinner Roll Castella*

매일 다르게 골라 먹는

일간 빵집

예쁘게 만들고 맛있게 즐기는 8가지 기본 빵 요리

신재임 지음

How To
Get Lost:
Suggestions
For Wandering
Aimlessly

Les très
La "Belle
pour agrén
votre nouvelle
vie!
RELATING
their heads.

Yakgwa
Bottle cake
Yakgwa
Bottle cake

6년 전, 카페에서 일한 적이 있습니다. 3년 정도 일하다 보니 제법 눈에 익은 단골손님들이 몇 분 생겼어요. 늘 제가 내린 커피가 가장 맛있다고 말해주는 분들이었죠. 그때 이후로 사람들에게 커피를 만들어 내어주는 일이 즐거워졌고, '이 즐거움을 나에게 선물하는 것은 어떨까?' 생각했어요. 그렇게 시작한 나를 위한 '한잔'이 지금은 모두가 함께 즐길 수 있는 '빵 요리'가 되었습니다.

제가 좋아하는 빵 요리를 더욱더 많은 분들과 함께 즐기고자 인스타그램에 기록하기 시작했어요. 눈으로 즐거움을 먹고, 입으로 행복을 먹는 빵의 맛을 나누고 싶었어요. 그 기록과 순간을 많은 분들이 사랑해주신 덕분에 꿈에 그리던 책을 출간하게 되었습니다.

처음 출간 제안을 받았을 땐 깜짝 놀랐어요. 저는 전문 요리사도 아닐뿐더러 한 권의 책을 만들 만큼 뚜렷한 주제가 있다고 생각하지 못했으니까요. 그맘때 작고 소중한 또 하나의 생명을 출산하고 키워내느라 스스로를 돌보고 가꿀 틈이 없었어요. 나아가야 할 방향성에 대해 많은 의구심이 들 때, 편집자님이 삶의 방향을 제시해준 것만 같았습니다. 무작정 앞만 보고 달리느라 미처 보지 못하고 놓친 것들을 애정 어린 마음으로 하나하나 섬세하게 살펴봐준 거예요. 편집자님뿐만 아니라 많은 분들이 이런 마음으로 제 콘텐츠를, 그리고 저라는 사람을 봐주셨을 거라 생각하니 코끝이 찡해지기도 했습니다.

'밥 배와 빵 배는 따로 있다.'라는 말 공감하시나요? 밥은 안 먹어도 빵은 꼭 먹어야 하는, 빵 없이 못 사는 사람들을 위해 빵을 요리하는 책을 만들었습니다. 빵집이나 마트에서 파는 기본 빵만 있으면 요리 초보자라도 쉽게 만드실 수 있어요. 분위기 좋은 카페에 온 것처럼 맛있으면서도 예쁘게 빵을 즐기는 법을 한 권에 담았답니다. 이 책과 함께 맛있는 빵을 더 맛있게, 쉽고 간단하고 재밌게 맛보셨으면 합니다.

마지막으로 이 책을 만드는 데 도움을 주신 분들에게 감사 인사를 전하고 싶어요. 우선 저와 제가 만드는 요리를 애정 어린 시선으로 바라보고 응원해주시는 팔로워분들과 소중한 친구들, 꿈의 날개를 마음껏 펼칠 수 있도록 저를 믿고 도와주신 출판사 관계자분들께 진심으로 감사드립니다. 덕분에 뜻깊은 인생을 써 내려갈 수 있었어요.

그리고 세상에서 제일 사랑하는 가족! 자식의 행복을 위해 모든 걸 내어주고 품어주신 엄마, 부족함 없이 키워주신 인생의 멘토이자 아빠 같은 존재인 이모, 높은 곳에서 언니를 바라보며 함께 행복해할 너무나 보고 싶고 만지고 싶은 동생 재이, 말로 표현하지 않아도 느껴질 만큼 많은 사랑과 보살핌을 주시는 시부모님과 시이모님들, 찐 형제 같은 든든한 도련님들, 그리고 "하고 싶은 거 다 해!"라며 아낌없이 서포트해주는 다정한 남편과 존재만으로도 큰 위로와 힘이 되는 두 아들에게 변함없는 사랑과 고마움을 전합니다.

끝으로 책을 읽어주시는 분들, 세상의 모든 빵 요리를 위한 이 책을 따라 '나도 할 수 있어!'라는 따끈하고 맛있는 기분을 느껴보시면 좋겠습니다.

신재임

CONTENTS

PROLOGUE × 10

들어가기 전

사용한 빵 × 18
조리 도구의 활용 × 20
곁들이기 좋은 스프레드 × 22
일간 빵집 레시피의 4가지 특징 × 34

Plain Bread

식빵

더블콘크림토스트 × 38
무화과샌드위치 × 42
버터스카치토스트 × 48
트러플버터토스트 × 52
롤투스 × 56
김치-즈토스트 × 60
매콤닭마요샌드위치 × 64
호두마루프렌치토스트 × 68
크림베리토스트 × 72
베리브륄레토스트 × 76

Bagel

(PART 2)

베이글

연어대파베이글 × 82

부추양파베이글 × 86

딸기베이글케이크 × 90

티라미수베이글 × 94

베이글브륄레 × 98

Campagne

(PART 3)

깜파뉴

복숭아얼그레이토스트 × 104

요거트커스터드토스트 × 108

완두콩부라타토스트 × 112

판콘토마테 × 116

오이마요토스트 × 120

Baguette

(PART 4)

바게트

갈릭바게트 × 126

토마토컵게트 × 130

당근라페바게트 × 134

미트칩스바게트 × 138

연유바게트 × 142

Salt Bread

PART 5

소금빵

초코소금콘 × 148
칠리독소금빵 × 152
여름소금빵 × 156
뽀또슈즈 × 162
시나몬피칸소금빵 × 166

Croissant

PART 6

크루아상

헤이즐넛크루아상푸딩 × 172
꽈리감자크루샌드 × 176
화이트구마크루아상 × 180
누네띠네크룽지 × 184
말차범벅크루아상 × 188
bonus 크루아상추로스와 쇼콜라쇼 × 194

Dinner Roll

PART 7

모닝빵

핫!도그 × 202
달걀샌드 × 206
크렘브륄레모닝빵 × 210

하와이안스팸모스비 × 216
피넛크림빵 × 220

Castella

PART 8

카스텔라

치킨케이크팝 × 226
통멜론케이크 × 230
딸기초코솔방울케이크 × 234
레밍턴케이크 × 238
약과보틀케이크 × 244

Special

과자

곰돌이빼빼로 × 250
로투스티라미수 × 254
바나나푸딩 × 258
몽쉘파이케이크 × 262
K-도토리묵초콜릿푸딩 × 268

신청 메뉴

에그범벅토스트 × 274
복희와 몬테크리스토 × 278
앙절미모나카 × 282

- 이 책의 계량은 1큰술=15g, 1작은술=5g입니다. 일반 가정에서도 편하게 계량할 수 있도록 큰술은 밥숟가락(수북하게), 작은술은 티스푼을 기준으로 했습니다. 보다 정확한 계량을 위해서는 계량 저울과 계량 스푼을 사용하되 입맛과 취향에 따라 간을 보며 자유롭게 가감해주세요.
- 모든 메뉴는 1~2인분 기준입니다.
- 레시피에 쓰인 생크림은 모두 첨가물이 없는 '동물성 생크림'을 사용했습니다.
- 전자레인지 사용 시 일반 가정용 700W를 기준으로 조리했습니다. 이보다 높은 출력의 경우 레시피의 시간보다 짧게, 낮은 출력의 경우 레시피의 시간보다 길게 조리해주세요.
- 오븐이나 에어프라이어의 조리 온도와 시간은 사용하는 제품 사양에 따라서 달라질 수 있습니다. 레시피를 참고해 조절해주세요.

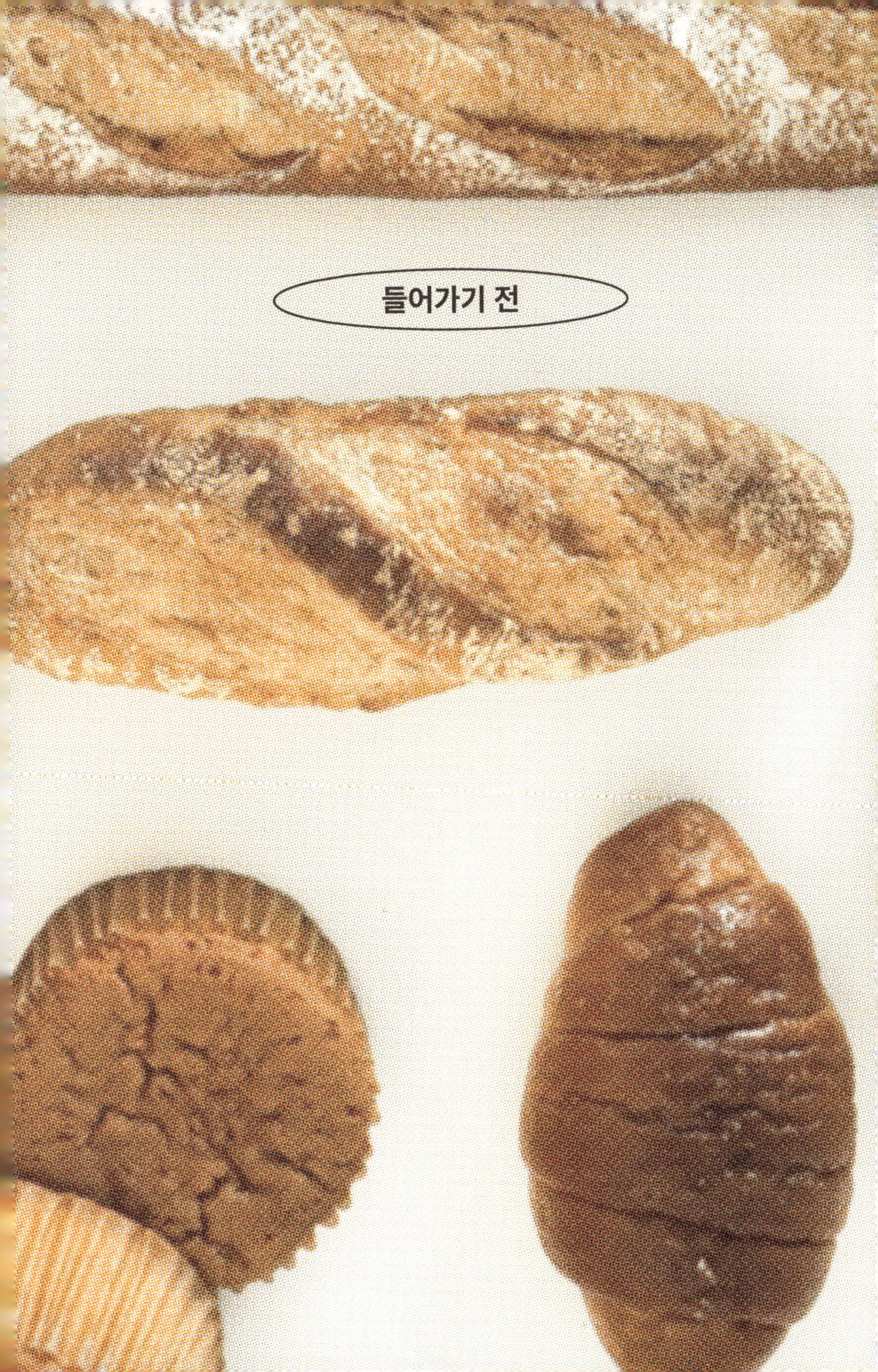

들어가기 전

Bread

1 식빵

가장 쉽게 자주 접하는 사각형 모양의 빵으로, 밀가루에 효모를 넣고 덩어리로 반죽해 구운 빵입니다. 주로 먹기 편하게 미리 잘라놓은 경우가 많으며, 다양한 재료와 잘 어우러져 활용도가 높습니다.

2 베이글

밀가루 반죽을 끓는 물에 데친 후 구운 링 모양의 빵으로, 노릇한 갈색을 띠는 겉면과 가래떡처럼 쫄깃한 속살이 특징입니다. 기름에 튀기는 도넛과 비슷한 모양이지만 전혀 다른 담백한 맛을 가지고 있습니다.

3 깜파뉴

호밀가루와 밀가루, 르방(천연발효종) 등을 섞어 구운 시골풍의 프랑스 빵으로, 과거 프랑스에서는 한국의 쌀밥처럼 주식으로 먹는 빵 중 하나였습니다. 효모를 사용해 오랜 시간 굽기 때문에 표면이 거칠고 투박한 모양새가 특징입니다.

4 바게트

프랑스를 대표하는 빵으로 '막대기'라는 뜻에 걸맞은 길쭉한 모양입니다. 밀가루에 효모, 소금, 물 등을 섞어서 구워 겉은 파삭파삭하고 단단하며 속은 부드럽고 폭신합니다. 적당한 크기로 잘라 그대로 먹거나 버터, 잼, 치즈를 발라 먹기도 합니다.

5 소금빵

버터를 베이스로 한 빵의 표면에 굵은 소금을 뿌려 고소한 풍미를 강조한 빵입니다. 반죽 가운데에 큼직한 버터를 넣고 돌돌 말아 구운 형태가 가장 보편적입니다. 빵 안쪽에 넣은 버터가 녹아내려 생긴 '버터홀'이라는 구멍이 특징입니다.

6 크루아상

프랑스어로 '초승달'을 뜻하는 크루아상은 밀가루와 버터로 켜켜이 층을 낸 페이스트리 반죽 모양이 초승달처럼 생겨 붙여진 이름입니다. 속이 층상을 이뤄 가볍고, 버터가 가득 들어가 짭짤하고 부드러워 유럽에서는 아침 식사용으로 많이 사용합니다.

7 모닝빵

식사용으로 자주 먹는 빵으로 영미권에서는 '디너롤(Dinner Roll)'이라 불립니다. 일반적인 식빵과 같은 재료를 사용해 맛이 비슷하지만, 모양이 둥글고 작아 우리나라에서는 간단한 아침 식사나 간식으로 즐겨 먹습니다.

8 카스텔라

스펀지 케이크의 일종으로, 전통적인 스펀지 케이크보다는 밀도가 높고 가벼운 맛이 특징입니다. 기본적으로 꿀이나 설탕을 첨가해 만들고, 식감이 굉장히 폭신하고 부드러워 간식이나 디저트로 즐겨 먹습니다.

1
2
3
4
5
6

Tools

1 실리콘 주걱

주로 재료를 섞을 때 쓰는 도구입니다. 납작하고 탄성이 있어 액체류를 옮길 때 그릇의 바닥을 깔끔하게 긁어 재료를 낭비하지 않도록 도와줍니다.

2 빵칼

일반적인 식칼과는 달리 톱니 모양의 날이 있어 빵을 쉽게 자를 수 있습니다. 보통 20cm 이상의 긴 날을 가진 빵칼이 많지만, 기호에 따라 길이가 짧은 칼도 구비해두면 좋습니다.

3 뒤집개

면이 넓적해 빵을 뒤집기에 알맞은 도구입니다. 팬에 손상을 덜 가게 하는 나무 뒤집개나 실리콘 뒤집개를 사용하는 것이 좋습니다.

4 거품기

크림을 만들 때 거품을 내기 위해 쓰는 도구입니다. 크림을 휘핑할 때는 큰 거품기를 사용하는 것이 좋고, 작은 거품기는 액체류 등을 간단하게 섞을 때 유용합니다.

5 아이싱 스패츌러

빵에 크림이나 아이싱을 균일하게 바르거나 음식의 표면을 매끈하게 다듬을 때 쓰는 도구입니다. L자 형태의 스패츌러는 그립감이 좋아 무게감 있는 버터, 크림치즈를 바르기에 좋습니다.

6 버터 나이프

빵에 버터를 바를 때 쓰는 넙직하고 직은 칼로, 날이 날카롭지 않고 둥근 편입니다. 버터를 쉽게 자르기 위해 한쪽에 톱니 모양의 날이 있는 제품도 있습니다.

Homemade
Spread

곁들이기 좋은 스프레드

커스터드 크림
Custard Cream

흔히 슈크림이라 불리는 노란 색감의 커스터드 크림은 의외로 쓰임새가 정말 많아요. 제가 가장 좋아하는 크림이기도 합니다! 이 책에서 소개하는 빵 레시피 중 3가지(48p, 210p, 258p)에 쓰이니 미리 만들어두는 것을 추천해요.

○ 달걀 2개 ○ 우유 200g ○ 생크림 50g ○ 설탕 5큰술
○ 옥수수 전분 1.5큰술 ○ 바닐라 익스트랙 1작은술 ○ 소금 1꼬집

1 | 달걀 1개는 껍질을 이용해 노른자만 분리한 뒤 나머지 달걀 1개와 함께 냄비에 담습니다.

2 | 냄비에 설탕을 넣고 거품기를 이용해 섞습니다.

3 | 바닐라 익스트랙을 제외한 나머지 재료를 모두 넣고 섞습니다.

4 | 바닥에 눌어붙지 않도록 약불에서 골고루 저어가며 끓입니다.

5 | 크림이 꾸덕해지고 끓기 시작하면 불을 끈 뒤 바닐라 익스트랙을 넣고 섞습니다.

6 | 볼에 담아 실온에서 한 김 식힌 뒤 냉장 보관합니다.

냉장 보관 시 3일 안에 드세요.

고추장 버터
Gochujang Butter

매콤한 고추장과 버터의 신선한 만남! 조합은 색다르지만 친숙한 재료여서 맛 또한 보장된답니다. 갓 구운 빵에도 잘 어울리고, 밥 위에 얹어 달걀프라이와 함께 비벼 먹어도 정말 맛있어요. 한번 먹어보면 계속 생각날걸요?

○ 쪽파 1줄기 ○ 가염버터 100g ○ 꿀 2큰술 ○ 고추장 1큰술
○ 다진 마늘 1큰술 ○ 참기름 1큰술 ○ 참깨 1작은술 ○ 소금 2꼬집

1 │ 쪽파는 잘게 다집니다.

2 │ 실온에 두어 말랑해진 버터를 볼에 넣고 잘 풀어줍니다.

무염버터를 사용할 경우
소금을 1/2큰술 넣어주세요.

3 │ 버터에 다진 쪽파와 나머지 재료를 모두 넣고 잘 섞습니다.

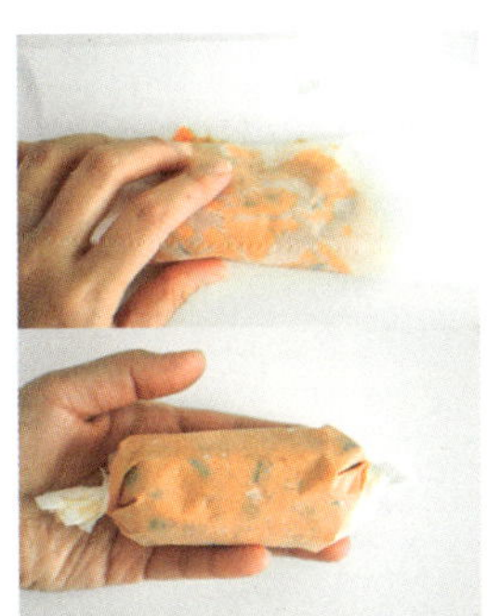

4 │ 종이포일로 버터를 감싸 냉장고에서 1시간 굳힙니다.

크림치즈마스
Cream Cheese-mas

화려한 크리스마스 트리를 똑 닮은 크림치즈마스로 홈파티를 장식해보세요! 고소하고 크런치한 피칸과 달콤한 메이플 시럽, 향긋한 파슬리의 조합이 정말 잘 어울려요. 크래커와 함께 먹어도 좋고, 빵에 발라 먹어도 맛있답니다.

○ 파슬리 4줄기 ○ 크림치즈 350g ○ 메이플 시럽 3큰술 ○ 피칸 1줌(50g)
○ 건 크랜베리 1/2줌(15g) ○ 슈거 파우더 1작은술(선택사항)

1 | 파슬리는 줄기를 제거하고 잘게 다집니다.

2 | 데코용 피칸을 1개 남겨두고 나머지 피칸은 식감이 느껴질 정도로만 다집니다.

3 | 실온에 두어 말랑해진 크림치즈를 볼에 넣고 잘 풀어준 뒤 다진 피칸과 메이플 시럽을 넣고 섞습니다.

4 | 랩 위에 크림치즈를 올리고 고깔 모양으로 만 뒤 냉장고에서 30분 정도 굳힙니다.

5 | 랩을 제거한 뒤 크림치즈 겉면에 다진 파슬리를 골고루 묻힙니다.

6 | 접시에 세운 뒤 크랜베리를 군데군데 꽂고, 남겨둔 피칸을 맨 위에 꽂습니다.

7 | 슈거 파우더를 뿌려 마무리합니다.

참치 딥
Tuna Dip

어디에나 두루두루 잘 어울리고 만들기 간편한 소스예요. 킥은 크림치즈와 고춧가루! 녹진한 치즈와 매콤한 고춧가루를 더해 어떤 음식과도 훌륭한 조화를 이루니 꼭 만들어보세요.

○ 참치 1캔(85g) ○ 양파 1/2개 ○ 마요네즈 4큰술 ○ 크림치즈 1큰술
○ 고춧가루 1큰술 ○ 소금 1꼬집 ○ 후추 1꼬집

TO COOK

1 | 양파를 잘게 다집니다.

2 | 볼에 기름을 제거한 참치
와 모든 재료를 넣고 섞습
니다.

TIP

베이글을 얇게 썰어 오븐에 바싹 구워
곁들이면 더욱 맛있습니다.

그릭요거트 소스
Greek Yogurt Sauce

그릭요거트에 알싸한 쪽파와 각종 소스를 넣은 만능 스프레드예요. 냉장고에서 하루 정도 숙성하면 더욱 맛있어진답니다. 미리 만들어두고 샌드위치 소스나 샐러드 드레싱 등으로 다양하게 활용해보세요.

○ 쪽파 1줄기 ○ 그릭요거트 4큰술 ○ 홀그레인 머스터드 1.5큰술 ○ 꿀 1큰술
○ 레몬즙 1/2큰술 ○ 소금 1꼬집 ○ 후추 1꼬집

1 쪽파를 잘게 다집니다.

2 볼에 모든 재료를 넣고 섞습니다.

일간 빵집 레시피의 4가지 특징

하나, 빵을 '굽는' 책이 아니라 빵을 '요리하는' 책이에요.

이 책은 베이킹 책이 아니라 빵집에서 흔히 보는 기본 빵을 더욱 맛있게 먹는 법을 알려주는 빵 요리책이에요. 빵을 사랑하고 다양한 빵 요리를 좋아하지만 빵을 직접 반죽하고 굽는 건 어려운 요리 초보자들을 위해 레시피를 연구했어요. 요리에 쓰이는 재료 역시 시중에서 쉽게 구할 수 있는 것을 사용했습니다.

둘, 재료의 종류와 양을 쉽게 어림잡을 수 있어요.

요리 초보자는 특히나 재료 목록만 보고 양을 파악하기가 쉽지 않죠. 이런 불편함을 해소하기 위해 메뉴마다 재료를 소개하는 사진을 함께 실었습니다. 어떤 재료가 얼마큼 필요한지 사진으로 살펴보되, 보다 정확한 요리를 위해서는 재료 텍스트에 표기된 대로 준비하세요.

셋, 요리 과정에서 헤맬 일이 없어요.

요리를 하다 보면 과정 설명을 읽는 것만으로는 부족할 때가 있어요. 설명이 어려워서 헤매는 일이 없도록 요리 과정 사진을 한 컷 한 컷 실었습니다. 쉬운 과정도 상세하고 친절하게 안내했어요. 또한 오븐이나 에어프라이어 사용을 최소화하고, 도구와 기계를 많이 사용하지 않으면서, 복잡하지 않은 레시피를 준비했으니 사진을 보며 따라 만들어보세요.

넷, 집에서도 카페에 온 듯한 분위기를 즐길 수 있어요.

완성된 요리의 메인 사진을 따라 플레이팅 하면 집에서도 쉽게 홈카페 분위기를 연출할 수 있어요. 특별한 기술이 없어도 평범한 식기와 소품만으로 다양한 스타일링과 플레이팅이 가능하니 사진을 참고해 빵을 더욱 맛있게, 재밌게, 예쁘게 즐겨보세요.

CORN FLOUR BLANC-MANCE.
BRACKET TABLE'S.
2ozs.(5 level tablespoonfuls) Corn Flour "Patent" quality.
2 pints good sweet milk. Mix Corn Flour well with a little of the milk.
Heat the rest of the milk to boiling point. Pour Corn Flour into heated milk,
stirring well. Add a teaspoonful of butter and pinch of salt.
Boil and stir well fer 10 minutes(by the clock) Sugar and
flavour, if desired, but served with stewed fruit, jam or marmalade
is better. Pour into this mould, and cool.
Re-heat gently in mould, if desired, before the fire
or in oven. Then turn out and serve, cold or hot.
BRACKET-TABLE BAKEWARE.

Plain Bread

더블콘크림토스트 / 무화과샌드위치 / 버터스카치토스트
트러플버터토스트 / 롤투스 / 김치-스토스트
매콤닭마요샌드위치 / 호두마루프렌치토스트
크림베리토스트 / 베리브릴레토스트

PART 1

식빵

Double Corn Cream Toast
더블콘크림토스트

누구나 사랑하고 모두가 알고 있는 콘치즈를 더욱더 맛있게 먹는 방법! 단짠의 풍미를 극대화한 옥수수 크림을 가득 올린 토스트입니다. 알알이 톡톡 터지는 식감의 옥수수와 부드럽고 달콤한 연유, 고소하고 녹진한 치즈, 그리고 이 모든 것을 아우르는 딜의 향긋함까지. 색다른 매력을 가진 2가지 치즈를 사용해 익숙하지만 새로운 맛의 조화를 느껴보세요.

INGREDIENTS

○ 식빵 2장 ○ 고다 치즈 3장 ○ 무염버터 5g ○ 후추 1꼬집

콘크림 ○ 딜 약 1줄기 ○ 콘옥수수 4큰술 ○ 연유 3큰술 ○ 마요네즈 2큰술 ○ 크림치즈 1큰술

1 | 딜을 잘게 다집니다.

2 | 다진 딜과 나머지 콘크림 재료를 볼에 넣고 잘 섞습니다. 이때 데코용 딜과 콘옥수수를 조금 남겨둡니다.

3 | 접시에 식빵 1장을 깔고 버터를 골고루 펴 바릅니다.

4 | 그 위에 치즈 1장을 올리고 나머지 식빵
을 덮은 뒤 도구를 이용해 가운데에 홈을
만듭니다.

도구가 없다면 손으로 눌러도 됩니다.

6 | 그 위에 치즈 2장을 올려 전자레인지에
약 1분간 데웁니다.

전자레인지마다 사양이 다르니 치즈가 녹을
정도로만 데워주세요.

7 | 후추를 뿌리고 데코용 콘옥수수와 딜을
올려 마무리합니다.

Fig Sandwich

무화과샌드위치

제가 여름이 오기만을 손꼽아 기다리는 이유는 바로 달콤하고 향긋한 무화과를 잔뜩 먹을 수 있기 때문인데요! 그냥 먹어도 맛있는 여름 무화과와 달콤한 무화과 스프레드, 프레시한 치즈의 풍미가 느껴지는 부드러운 크림을 폭신한 식빵 사이에 가득 채워 먹어보세요. 무더운 여름, 제철 무화과의 맛을 다채롭게 느낄 수 있을 거예요.

(**INGREDIENTS**)

○ 식빵 2장 ○ 무화과 6개 ○ 생크림 120g ○ 리코타 치즈 70g ○ 설탕 6큰술

2 | 깍둑썬 무화과 4개를 볼에 넣고 잘게 으깬 뒤 설탕 4큰술을 넣고 섞습니다.

1 | 무화과는 깨끗하게 씻어 꼭지를 자른 뒤 그중 4개는 껍질을 벗겨 깍둑썹니다.

3 | 냄비에 으깬 무화과를 넣고 약불에서 덩어리 지는 농도가 될 때까지 끓여 스프레드를 만들어 한 김 식힙니다.

4 | 차가운 상태의 생크림과 설탕 2큰술을 볼에 넣고 단단해질 때까지 휘핑합니다.

생크림 쉽게 휘핑하는 법

전동 핸드믹서로 생크림을 손쉽게 휘핑할 수 있는데요. 핸드믹서가 없거나 수동 휘핑기로 만들기는 너무 힘들다면 마트에서 흔히 구할 수 있는 수동 다지기를 사용해보세요. 중요한 건 반드시 믹싱날이 포함된 다지기를 사용할 것! 다지기에 믹싱날을 끼우고 생크림과 설탕을 부어 약 200회 정도 가볍게 당기면 됩니다. 중간중간 뚜껑을 열어 확인하면서 취향에 맞게 크림 농도를 조절하세요.

44

5 | 휘핑한 생크림에 리코타 치즈를 넣고 섞습니다.

6 | 식빵 가장자리를 잘라냅니다.

7 | 식빵 1장을 깔고 무화과 스프레드를 바른 뒤 생크림을 얇게 펴 바릅니다.

8 | 그 위에 나머지 무화과 2개를 통으로 올리고 생크림을 얇게 덧바릅니다.

잘랐을 때 무화과 단면이 예쁘게 보이도록 가운데에 배치해주세요.

9 | 나머지 식빵 한쪽 면에 생크림을 얇게 발라 무화과 위에 덮고 식빵 사이사이를 생크림으로 채운 뒤 랩으로 감싸 30분간 냉장 보관합니다.

랩 위에 빵을 비스듬히 놓고 날개가 접히는 것처럼 사방을 차례차례 감싸주세요. 마지막에 감싸는 곳은 특히 꽉 끌어당기며 싸주세요.

10 | 냉장 보관한 샌드위치를 반으로 잘라 단면이 잘 보이도록 접시에 담습니다.

Butterscotch Toast
버터스카치토스트

크리미한 맛 사이로 느껴지는 버터 캐러멜 풍미가 매력적인 토스트와 노랗고
부드러운 커스터드 크림의 환상적인 만남! 버터에 한 번 더 구워 촉촉 바삭해
진 식빵을 썰어 크림에 푹 적셔서 먹어보세요. 달콤함이 입안을 맴돌아 단숨
에 기분이 좋아질 거예요.

$(\ \ INGREDIENTS\ \ )$

○ 통식빵 1개 ○ 커스터드 크림 100g(24p 참고) ○ 우유 50g ○ 무염버터 10g

버터스카치 소스 ○ 가염버터 100g ○ 생크림 80g ○ 설탕 5큰술 ○ 흑설탕 5큰술
○ 물엿 4.5큰술 ○ 소금 1/2작은술

● 소스의 짭조름함이 포인트! 무염버터를 사용한다면 소금을 1작은술로 늘려주세요.

1 | 통식빵을 3cm 두께로 1장 썰어 준비합
니다.

2 | 버터스카치 소스 재료를 냄비에 넣고 약
불에서 천천히 녹입니다.

3 | 소스가 끓어오르면 3분간 저어가며 한
번 더 끓입니다.

4 | 커스터드 크림에 우유를 붓고 섞습니다.

5 | 버터를 두른 팬에 식빵을 올리고 약불에서 앞뒤로 노릇하게 굽습니다.

6 | 식빵 한쪽 면에 버터스카치 소스를 2큰술 펴 바르고 1분간 굽습니다. 뒤집어 반대 면에도 같은 과정을 반복합니다.

7 | 접시에 커스터드 크림을 붓고 구운 식빵을 올립니다.

8 | 식빵 위로 버터스카치 소스 1큰술을 뿌립니다.

소스는 취향껏 더 뿌려도 좋아요.

Truffle Butter Toast

트러플버터토스트

고급 식재료로 알려진 트러플을 좀 더 친숙하게 접할 수 있는 트러플 소금을
활용한 토스트를 준비했어요. 토스트에 소금을 찍어 먹는 게 익숙하지 않다
고요? 쫄깃한 식빵에 버터가 잘 스며들도록 아낌없이 바르고 향긋한 트러플
소금을 콕 찍어 먹으면 단짠의 조화에 깜짝 놀랄 거예요.

INGREDIENTS

○ 통식빵 1/2개 ○ 무염버터 120g ○ 설탕 3큰술 ○ 흑설탕 3큰술 ○ 슈거 파우더 1큰술
○ 트러플 소금 1작은술

2 | 통식빵을 큐브 모양으로 썹니다.

1 | 실온에 두어 말랑해진 버터를 볼에 넣고 잘 풀어준 뒤 설탕과 흑설탕, 트러플 소금 1/2작은술을 넣고 섞어 설탕 버터를 만듭니다.

3 | 손으로 잡을 수 있는 면을 제외한 모든 식빵 면에 설탕 버터를 펴 바릅니다.

54

4 | 팬에 식빵을 올리고 중약불에서 버터가
발린 면부터 구우면서 나머지 면에 설탕
버터를 바릅니다.

5 | 식빵을 굴리며 설탕 버터가 골고루 잘 스
며들도록 굽습니다.

6 | 빵이 노릇해지면 접시에 담아 슈거 파우
더를 뿌립니다.

7 | 접시 한쪽에 나머지 트러플 소금을 담아
마무리합니다.

Lotus
Biscoff
SPREAD
London Milk Bar
Limited Edition

Rolltus

롤투스

그냥 먹어도 맛있는 로투스 쿠키를 더욱 맛있게 즐기려면 이렇게만 따라 하세요. 쫄깃한 식빵에 촉촉한 달걀물을 입힌 후 향긋 달달한 로투스를 잔뜩 묻혀 만든 귀여운 모양의 롤투스! 하나씩 쏙쏙 집어 먹으며 따뜻한 우유 한잔 들이켜면 피로가 싸악 풀린답니다. 크림치즈 아이싱은 선택이 아닌 필수예요!

(INGREDIENTS)

○ 식빵 8장 ○ 로투스 4개 ○ 달걀 2개 ○ 로투스 잼 100g ○ 우유 100g ○ 무염버터 15g

크림치즈 아이싱 ○ 크림치즈 100g ○ 우유 15g ○ 슈거 파우더 4큰술

1 식빵 가장자리를 잘라냅니다.

2 밀대나 컵을 이용해 식빵을 얇게 밉니다.

3 식빵에 로투스 잼을 골고루 바르고 김밥 처럼 돌돌 맙니다.

4 달걀과 우유를 볼에 넣고 섞은 뒤 롤 식빵 을 담가 달걀물을 골고루 입힙니다.

58

5 | 버터를 두른 팬에 롤 식빵을 굴려가며 약
불에서 노릇하게 굽습니다.

6 | 지퍼백에 로투스를 담아 손이나 밀대를
이용해 곱게 부숩니다.

8 | 부순 로투스를 접시에 깔고 롤 식빵을 굴
리며 골고루 묻힙니다.

7 | 전자레인지에 10초간 돌려 말랑해진 크
림치즈에 나머지 크림치즈 아이싱 재료
를 모두 넣고 섞습니다.

9 | 접시에 롤 식빵을 쌓고 크림치즈 아이싱
을 뿌립니다.

남은 크림치즈 아이싱을 소스볼에 담아 디핑
소스처럼 찍어 먹으면 더욱 맛있어요.

Kimcheese Toast

김치-즈토스트

한국인이 하나 되는 매운맛, 그중에서도 김치를 빼놓을 수 없죠? 자칫 느끼할 수 있는 치즈토스트에 김치를 곁들여 매일 먹어도 질리지 않는 토스트로 재탄생시켰습니다. 김치에 치즈? 생소한 조합일 수 있지만 한 번쯤 김치볶음밥에 치즈 토핑 올려 먹어봤을 거예요. 고소한 치즈가 김치의 매운맛을 중화해 매운 음식을 잘 못 먹는 사람도 맛있게 즐길 수 있어요. 김치를 별로 좋아하지 않는 우리집 초딩도 한 그릇 싹 비웠답니다.

INGREDIENTS

○ 식빵 2장 ○ 몬터레이 잭 치즈 90g ○ 김치 80g ○ 무염버터 10g ○ 마요네즈 2큰술

1 김치를 잘게 썰어 준비합니다.

2 팬에 버터 절반을 넣고 약불에서 녹인 뒤 식빵 1장을 올리고 마요네즈 1큰술을 펴 바릅니다.

3 그 위에 치즈를 알맞게 올립니다.

4 잘게 썬 김치와 나머지 치즈를 차례대로 쌓아 올립니다.

5 │ 나머지 식빵 한쪽 면에 마요네즈 1큰술을
바르고 덮은 뒤 나머지 버터를 팬의 가장
자리에 녹여 약불에서 5분간 앞뒤로 천
천히 굽습니다.

6 │ 노릇하게 구워진 토스트를 반으로 잘라
접시에 담습니다.

깨를 뿌려 데코하면 더욱 먹음직스러워요.

Spicy Chicken Mayo Sandwich

매콤닭마요샌드위치

퍽퍽한 닭가슴살을 어떻게 맛있게 먹을 수 있을까 고민하다가 탄생한 샌드위치입니다. 스리라차 소스와 마요네즈가 닭가슴살을 부드럽게 만들어주는 것은 물론, 매콤한 닭마요와 잘 어울리는 토마토, 양파, 아삭한 로메인과 풍미를 더해줄 치즈까지! 모든 재료를 간편하고 맛있게 즐기면서도 한입에 다채로움을 느낄 수 있는 샌드위치와 함께 오늘부터 닭가슴살과 친해져보세요.

(INGREDIENTS)

○ 식빵 2장 ○ 닭가슴살 1덩이(약 100g) ○ 토마토 1/2개 ○ 양파 1/3개 ○ 로메인 5장
○ 슬라이스 치즈 2장 ○ 스리라차 소스 2큰술 ○ 마요네즈 2큰술 ○ 꿀 1큰술 ○ 후추 1꼬집

1 닭가슴살은 잘게 썰고, 토마토와 양파는 슬라이스합니다.

2 닭가슴살과 스리리차 소스, 마요네즈, 꿀, 후추를 볼에 넣고 버무립니다.

3 노릇하게 구운 식빵 1장 위에 밑동을 제거한 로메인을 깐 뒤 소스에 버무린 닭가슴살을 올립니다.

4 그 위에 슬라이스 치즈와 양파, 토마토를 순서대로 쌓고 나머지 식빵을 덮습니다.

5 | 반으로 잘라 단면이 잘 보이도록 접시에 담습니다.

TIP

반으로 자른 샌드위치를 접시에 쌓고
나무막대로 고정하면 분위기 있는
브런치 플레이트를 즐길 수 있습니다.

Walnut Maroo French Toast

호두마루프렌치토스트

촉촉한 프렌치토스트와 호두가 가득 씹히는 고소하고 달콤한 호두마루의 만남! 부들부들한 빵과 오독오독한 견과류의 식감이 조화로운 토스트예요. 두툼한 토스트를 먹기 좋은 크기로 썰어 아이스크림을 얹어 먹다가 따뜻한 열기에 녹은 아이스크림에 토스트를 푹 적셔 먹으면 두 배로 맛있게 즐길 수 있습니다.

INGREDIENTS

○ 통식빵 1개 ○ 달걀 2개 ○ 호두마루 아이스크림 1스쿱 ○ 우유 100g ○ 생크림 50g
○ 무염버터 15g ○ 설탕 3큰술 ○ 메이플 시럽 1큰술 ○ 바닐라 익스트랙 1작은술
○ 시나몬 파우더 1/2작은술 ○ 소금 1꼬집 ○ 견과류 1줌(선택사항)

1 통식빵을 3cm 두께로 2장 썰어 준비합니다.

2 낮은 볼에 달걀과 우유, 생크림, 바닐라 익스트랙, 시나몬 파우더, 소금을 넣고 잘 섞습니다.

3 달걀물에 식빵을 앞뒤로 적신 뒤 달걀물이 잘 스며들도록 30분간 냉장 보관합니다.

4 버터를 두른 팬에 냉장 보관한 식빵을 올리고 약불에서 천천히 굽습니다.

6 | 접시에 토스트 1장을 깔고 호두마루 1스 쿱을 올립니다.

5 | 빵이 노릇하게 익으면 한쪽 면에 설탕을 뿌리고 녹여 코팅한 뒤 뒤집어 반대 면에 도 같은 과정을 반복합니다.

7 | 나머지 토스트를 덮은 뒤 메이플 시럽을 뿌리고 견과류를 올려 마무리합니다.

견과류는 생략해도 좋아요.

RELATING
147
mitment to excellence." Surely,
skilled firms, and retain them
strate their talent
is not the reason

Cream Berry Toast
크림베리토스트

통식빵의 가운데 부분과는 달리 질겨서 손이 잘 가지 않는 끄트머리 식빵의 화려한 변신! 크림베리토스트는 망원동에 있는 한 카페에서 영감을 받았는데요. 질깃한 식빵을 버터에 충분히 구워 촉촉하고 바삭한 옷을 입힌 다음, 새콤달콤한 블루베리 콩포트와 크림을 넉넉히 올려 한눈에 봐도 먹음직스러운 비주얼로 변신시켰습니다. 꼭 크림과 토스트를 함께 맛보세요!

(**INGREDIENTS**)

○ 끄트머리 식빵 1장 ○ 생크림 150g ○ 무염버터 20g ○ 설탕 2큰술
블루베리 콩포트 ○ 냉동 블루베리 200g ○ 설탕 4큰술 ○ 레몬즙 1작은술

1 냄비에 블루베리 콩포트 재료를 넣고 잘 섞은 뒤 약불에서 저어가며 조립니다.

2 시럽처럼 점성 있게 흐르는 상태가 되면 불을 끄고 한 김 식힙니다.

3 버터를 두른 팬에 식빵을 올리고 약불에서 앞뒤로 노릇하게 굽습니다.

4 구워진 식빵 안쪽 면에 설탕 1큰술을 골고루 펴 바릅니다.

비정제 설탕을 섞어서 사용하면 더욱 먹음직스러워요.

5│ 차가운 상태의 생크림과 설탕 1큰술을 볼
에 넣고 부드러운 뿔이 올라올 때까지 휘
핑합니다.

6│ 식빵 가운데를 눌러 홈을 만들고 블루베
리 콩포트를 채워 넣습니다.

7│ 생크림을 올려 마무리합니다.

Berry Brûlée Toast
베리브륄레토스트

황금빛 설탕이 코팅된 비주얼이 눈에 띄는 토스트입니다. 단단한 겉면과 달리 부드럽고 버터리한 클로티드 크림과 직접 조린 라즈베리 잼이 듬뿍 들어가 익숙하면서도 풍미 깊은 놀라운 맛을 선사합니다. 숟가락이나 칼등으로 설탕 코팅을 톡톡 부숴 먹는 재미까지 함께 느껴보세요.

(INGREDIENTS)

○ 식빵 2장 ○ 클로티드 크림 100g ○ 라즈베리 70g ○ 설탕 4큰술

설탕 시럽 ○ 물 50g ○ 설탕 13큰술

● 라즈베리 대신 딸기를 사용해도 좋아요.

1 | 냄비에 라즈베리와 설탕 4큰술을 넣고 중약불에서 시럽 농도가 될 때까지 저어가며 조려 잼을 만듭니다.

2 | 접시에 식빵 1장을 깔고 클로티드 크림을 바릅니다.

3 | 크림 위에 라즈베리 잼을 바르고 나머지 식빵을 덮습니다.

4 | 냄비에 설탕 시럽 재료를 넣고 중불에서 젓지 않은 채로 끓입니다.

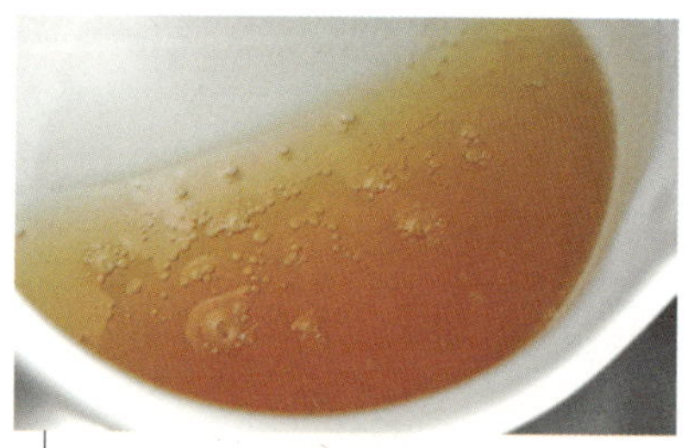

5 | 밝은 갈색을 띨 때까지 가열해 설탕 시럽을 만듭니다.

식빵 위에 설탕 시럽을 얇게 뿌린 뒤 실온에서 약 20분간 굳힙니다.

Bagel

연어대파베이글 / 부추양파베이글 / 딸기베이글케이크
티라미수베이글 / 베이글브륄레

PART 2

베이킹

bagel
bagel
bagel

Salmon Leek Bagel

연어대파베이글

선홍빛 윤기가 흐르는 연어를 통으로 즐길 수 있는 베이글 샌드위치입니다. 연어의 기름진 맛을 잡아주는 레몬 대파 크림치즈와 홀스래디시 소스는 그야 말로 찰떡궁합을 이루죠. 여기에 양파를 더해 아삭한 식감은 덤! 쫄깃한 베이 글과 부드러운 연어, 다양한 소스를 얹은 환상의 조화로 연어를 특별하고 맛 있게 즐겨보세요.

INGREDIENTS

○ 베이글 1개 ○ 레몬 1/2개 ○ 양파 1/4개 ○ 다시마 1장(손바닥 크기) ○ 대파 1줄기(손바닥 길이)
○ 연어 200g ○ 크림치즈 100g ○ 맛술 4큰술 ○ 연유 2큰술 ○ 홀스래디시 소스 2큰술

1 용기에 다시마를 깔고 연어를 올린 뒤 맛술을 부어 냉장고에서 2시간 정도 숙성시켜 잡내를 제거합니다.

2 양파는 슬라이스하고 대파는 잘게 다집니다.

3 실온에 두어 말랑해진 크림치즈를 볼에 담아 잘 풀어준 뒤 다진 대파와 연유를 넣고, 강판을 이용해 레몬 껍질을 갈아 넣습니다.

베이킹 소다를 사용해 레몬 껍질을 깨끗하게 세척해주세요.

4 재료를 잘 섞습니다.

5 │ 베이글을 반으로 갈라 접시에 담고 레몬
대파 크림치즈를 듬뿍 바릅니다.

6 │ 알맞은 크기로 썬 연어와 양파를 차례대
로 올리고 홀스래디시 소스를 뿌린 뒤 나
머지 베이글을 덮습니다.

Chives Onion Bagel
부추양파베이글

부드러운 크림치즈와 은근하게 알싸한 부추, 버터에 오랜 시간 천천히 볶아 단맛을 끌어올린 캐러멜라이징 양파가 만난 부추 양파 크림치즈! 재료의 조합이 조화로운 스프레드를 쫄깃쫄깃한 베이글에 아낌없이 듬뿍 발라 든든한 한 끼로도 손색없는 메뉴입니다. 베이글 위에서 살짝 녹은 치즈의 귀여운 포인트까지. 비주얼도 맛도 좋아 매일매일 먹고 싶은 베이글이에요.

INGREDIENTS

○ 베이글 1개 ○ 양파 1개 ○ 슬라이스 치즈 1장 ○ 크림치즈 200g ○ 부추 30g ○ 무염버터 10g ○ 슈거 파우더 3큰술

● 뽀얀 우유색 치즈보다는 노란색 치즈가 더 먹음직스러워요.

1 양파는 최대한 얇게 썰고, 부추는 새끼손 가락 한 마디 길이로 썹니다.

2 버터를 녹인 팬에 양파를 넣고 아주 약한 불에서 짙은 갈색이 될 때까지 볶습니다.

양파를 오랜 시간 천천히 볶아 캐러멜라이징하는 과정입니다.

3 실온에 두어 말랑해진 크림치즈를 볼에 넣고 잘 풀어준 뒤 슈거 파우더를 넣고 가 볍게 섞습니다.

4 크림치즈에 볶은 양파와 부추 25g을 넣 고 잘 섞습니다.

6 | 크림치즈가 발린 옆면에 나머지 부추를
보기 좋게 붙입니다.

5 | 베이글을 반으로 갈라 접시에 담은 뒤 부
추 양파 크림치즈를 듬뿍 발라 올리고 나
머지 베이글을 덮습니다.

7 | 베이글 위에 치즈를 올리고 전자레인지
에 10초간 돌립니다.

오븐이나 에어프라이어를 사용할 경우 170도로
예열 후 1분간 구워주세요.

L'ATELIER DE PATISSERIE
BARBERA
REAL
베이킷 디저트 작업실

Strawberry Bagel Cake
딸기베이글케이크

잔잔한 일상을 특별하게 만들어주는 딸기베이글케이크는 보기만 해도 웃음
이 나오는 귀여운 비주얼을 자랑합니다. 크림치즈를 넣어 묵직하고 고소한
풍미를 더한 생크림과 딸기가 완벽한 궁합을 이뤄요. 생딸기를 으깨 달콤한
딸기 향도 극대화했답니다. 밋밋한 베이글의 사랑스러운 변신, 딸기베이글케
이크로 특별한 일상을 즐겨보세요!

(INGREDIENTS)

◯ 베이글 1개 ◯ 딸기 8알 ◯ 크림치즈 200g ◯ 생크림 100g ◯ 설탕 3큰술 ◯ 메이플 시럽 1큰술

1 │ 베이글은 반으로 갈라 준비합니다.

2 │ 딸기는 깨끗이 씻어 꼭지를 제거합니다.

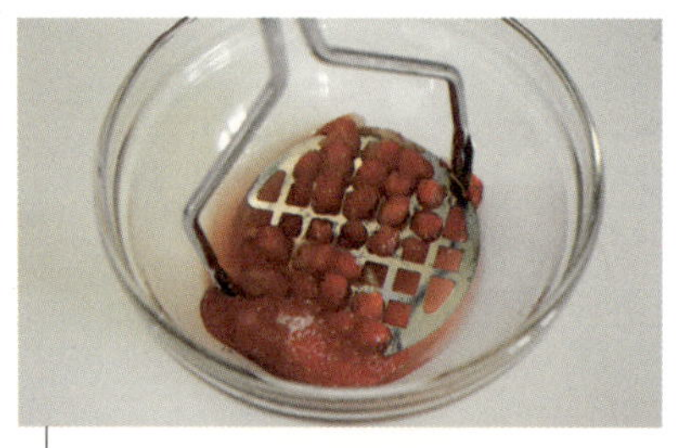

3 │ 딸기 2알과 설탕 1큰술을 볼에 넣고 매셔
로 잘게 으깨 딸기 시럽을 만듭니다.

4 │ 차가운 상태의 생크림과 설탕 2큰술을
볼에 넣고 단단해질 때까지 휘핑합니다.

5 │ 실온에 두어 말랑해진 크림치즈를 볼에
넣고 잘 풀어준 뒤 휘핑한 생크림과 메이
플 시럽을 넣고 섞습니다.

6 │ 완성된 크림을 짤주머니나 지퍼백에 담
습니다.

깍지가 없다면 끝부분을 톱니 모양으로
잘라주세요.

7 | 베이글 한쪽에 딸기 시럽을 골고루 바릅
니다.

8 | 그 위에 크림을 펴 바르고 딸기 5알을 올
린 뒤 사이사이 크림을 짜 넣습니다.

9 | 나머지 베이글에도 딸기 시럽과 크림을
바르고 덮은 뒤 베이글 위에 동그랗게
크림을 짜고 딸기 1알을 꽂아 마무리합
니다.

You, Inc.
The Art of
Selling Yourself

Tiramisu Bagel
티라미수베이글

이탈리아를 대표하는 디저트이자 커피와 카카오, 마스카포네 치즈, 설탕 등으로 만드는 티라미수는 '기운이 나게 하다' 혹은 '기분이 좋아지다'라는 뜻을 갖고 있는데요. 코끝을 간질이는 향긋한 커피 내음과 진한 풍미의 마스카포네 크림, 쫄깃한 베이글을 함께 즐기며 행복한 기분을 느껴보세요!

(INGREDIENTS)

◯ 베이글 1개 ◯ 마스카포네 치즈 150g ◯ 생크림 70g ◯ 연유 1.5큰술 ◯ 설탕 1큰술
◯ 코코아 파우더 1큰술

커피 시럽 ◯ 인스턴트 블랙 커피 가루 3포(5g) ◯ 따뜻한 물 25g ◯ 설탕 1큰술

1 | 베이글은 반으로 갈라 준비합니다.

2 | 커피 시럽 재료를 볼에 넣고 섞습니다.

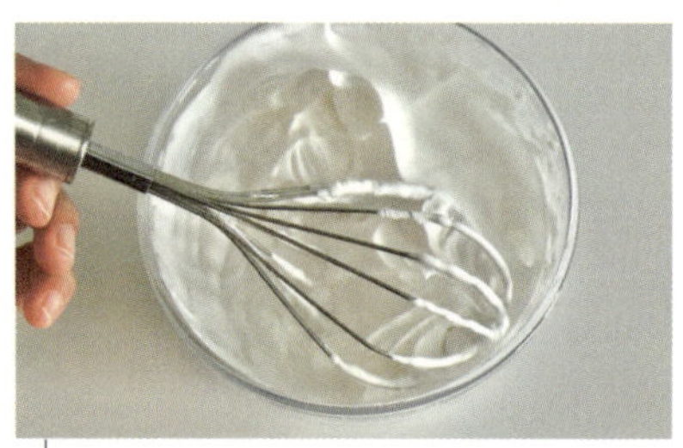

3 | 차가운 상태의 생크림과 설탕을 볼에 넣고 약 80% 정도 휘핑합니다.

크림이 완전히 단단해지기 전까지만 휘핑하세요.

4 | 마스카포네 치즈를 볼에 넣고 잘 풀어준 뒤 휘핑한 생크림과 연유를 넣고 단단해질 때까지 섞습니다.

5 | 잘 섞인 마스카포네 크림을 짤주머니나 지퍼백에 담습니다.

6 | 베이글 한쪽에 커피 시럽을 골고루 바릅니다.

7 | 그 위에 마스카포네 크림을 보기 좋게 짜서 올리고 코코아 파우더를 뿌립니다.

8 | 나머지 베이글을 비스듬히 덮어 마무리합니다.

Bagel Brûlée

베이글브륄레

차가운 커스터드 크림 위에 유리처럼 얇고 파삭한 캐러멜 토핑을 얹은 프랑스식 디저트 크렘브륄레를 베이글로 만들어봤어요. 베이글에 바닐라 크림치즈를 바르고 설탕을 뿌려 토치로 녹여서 굳힌 뒤 톡톡 깨 먹는 재미까지 곁들인 베이글브륄레는 바닐라 아이스크림과 찰떡궁합을 자랑해요. 바닐라에 바닐라가 더해진 진한 풍미는 직접 먹어봐야 알 수 있는 맛이랍니다.

INGREDIENTS

○ 베이글 1개 ○ 바닐라빈 1/2개 ○ 크림치즈 100g ○ 마스카포네 치즈 100g
○ 슈거 파우더 2큰술 ○ 설탕 2큰술 ○ 바닐라 아이스크림 1스쿱(선택사항)

1 실온에 두어 말랑해진 크림치즈와 마스카포네 치즈를 볼에 넣고 섞습니다.

2 바닐라빈을 세로로 갈라 칼등으로 씨앗을 긁어냅니다.

3 크리미해진 치즈에 바닐라빈 씨앗과 슈거 파우더를 넣고 섞어 바닐라 크림치즈를 만듭니다.

4 | 반으로 가른 베이글 한쪽에 바닐라 크림
치즈를 두툼하게 펴 바릅니다.

5 | 바닐라 크림치즈 위로 설탕을 골고루 뿌
린 뒤 토치로 녹입니다.

토치가 없을 경우 쇠숟가락 뒷면을 불에 1분간
달궈 설탕을 눌러가며 빠르게 녹여주세요.

취향에 따라 아이스크림을
곁들이면 더욱 맛있게 즐길 수
있습니다.

Campagne

복숭아얼그레이토스트 / 요거트커스터드토스트
완두콩부라타토스트 / 판콘토마테 / 오이마요토스트

PART 3

깜파뉴

Peach Earl Grey Toast
복숭아얼그레이토스트

제가 여름을 좋아하는 이유 중 하나는 바로 달콤한 복숭아를 맛볼 수 있기 때문인데요. 쫄깃하고 고소한 깜파뉴 위에 제철 무화과로 만든 스프레드와 몽글한 리코타 치즈를 바르고 얼그레이 크림을 가득 채운 복숭아를 통으로 올려 먹음직스러운 비주얼로 만들었어요. 말랑하고 시원 달달한 복숭아와 향긋한 얼그레이가 의외로 정말 잘 어울린답니다.

INGREDIENTS

○ 깜파뉴 2장 ○ 무화과 2개 ○ 복숭아 1개 ○ 얼그레이 티백 1개 ○ 생크림 100g
○ 리코타 치즈 70g ○ 설탕 3큰술 ○ 꿀 2큰술

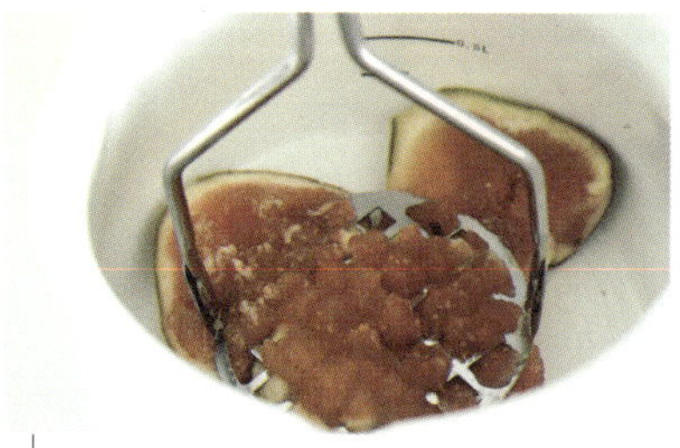

1 | 깨끗이 씻은 무화과의 꼭지를 잘라 볼에 넣고 잘게 으깬 뒤 설탕 2큰술을 넣고 섞습니다.

2 | 냄비에 으깬 무화과를 넣고 약불에서 물엿과 같은 농도가 될 때까지 끓여 스프레드를 만듭니다.

3 | 차가운 상태의 생크림과 설탕 1큰술을 볼에 넣고 80% 휘핑한 뒤 얼그레이 티백에 든 찻잎을 1큰술 넣고 단단해질 때까지 휘핑해 얼그레이 크림을 만듭니다.

4 | 깨끗하게 씻은 복숭아의 꼭지 부분을 잘라내고 가위를 이용해 씨앗을 도려냅니다.

106

5 | 도려낸 부분에 얼그레이 크림을 가득 채운 뒤 냉장고에 넣어 차갑게 만듭니다.

6 | 접시에 깜파뉴 1장을 깔고 무화과 스프레드를 바릅니다.

7 | 그 위에 리코타 치즈를 바른 뒤 나머지 깜파뉴를 올리고 그 위에 얼그레이 크림을 바릅니다.

8 | 냉장 보관한 복숭아를 올린 뒤 꿀을 뿌려 마무리합니다.

Yogurt Custard Toast

요거트커스터드토스트

마치 치즈의 풍미가 느껴지는 것 같은 부드럽고 달달한 커스터드 크림과 상큼함이 팡팡 터지는 과일의 만남! 요거트로 간단하게 만드는 커스터드 크림을 곁들인 이 토스트는 계절마다 바뀌는 제철 과일을 올려 그때그때 다른 맛으로도 즐길 수 있는데요. 꿀 대신 알룰로스를 사용하면 다이어트 간식으로도 제격이랍니다.

INGREDIENTS

○ 깜파뉴 2장 ○ 산딸기 7알 ○ 블루베리 7알 ○ 슈거 파우더 1큰술

요거트 커스터드 ○ 달걀 1개 ○ 요거트 3큰술 ○ 꿀 2큰술 ○ 바닐라 익스트랙 1작은술

● 산딸기 대신 일반 딸기를 사용해도 좋아요. 과일의 종류와 양은 취향껏 준비해주세요.

1 | 접시에 깜파뉴를 올리고 컵 바닥을 이용해 넓은 홈을 만듭니다.

2 | 요거트 커스터드 재료를 볼에 넣고 포크로 잘 섞습니다.

3 | 깜파뉴 홈에 요거트 커스터드를 채웁니다.

4 | 그 위에 준비한 과일을 올립니다.

180도로 예열한 오븐에서 12~15분간
굽습니다.

에어프라이어를 사용할 경우 180도에서
약 5분간 구워주세요.

한 김 식힌 토스트 위에 슈거 파우더를 뿌려 마무리합니다.

ur Sta

Pea Burrata Toast
완두콩부라타토스트

깍지를 열면 옹기종기 모여 있는 완두콩을 한소끔 삶아 각종 조미료를 넣어 달달하게 만든 완두배기를 활용한 토스트입니다. 그리스의 국민 소스이자 쌈장이라 불리는 차지키 소스를 듬뿍 바른 깜파뉴에 완두배기와 부라타 치즈를 올린 이 메뉴는 완두콩이 제철일 때 꼭 만들어 먹어야 해요. 크리미한 부라타 치즈와 달콤한 완두배기, 쫄깃한 깜파뉴에 스며든 차지키 소스의 조화가 아주 훌륭하거든요!

(**INGREDIENTS**)

○ 깜파뉴 1개 ○ 부라타 치즈 1덩이 ○ 완두콩 100g ○ 무염버터 15g
○ 설탕 2큰술 ○ 올리브오일 2큰술 ○ 소금 1꼬집 ○ 후추 1꼬집
차지키 소스 ○ 오이 1/4개 ○ 딜 3줄기 ○ 그릭 요거트 250g ○ 다진 마늘 1큰술
○ 올리브오일 1큰술 ○ 소금 1큰술 ○ 후추 3꼬집

1 | 냄비에 완두콩이 잠길 만큼 물을 붓고 끓어오르면 콩을 껍질째 넣고 중불에서 약 3분간 삶습니다.

콩은 미리 찬물에 두세 번 세척하세요.

2 | 오이는 얇게 채 썰고, 딜은 새끼손가락 한 마디 크기로 썹니다.

3 | 다진 오이와 소금 1큰술을 볼에 넣고 버무려 잠시 절입니다.

4 | 깜파뉴를 약 1.5cm 두께로 1장 썰어 준비합니다.

5 | 버터를 두른 팬에 껍질을 분리한 완두콩과 설탕을 넣고 약불에서 노릇해질 때까지 볶으며 조립니다.

6 | 절인 오이의 물기를 꼭 짠 뒤 나머지 차지키 소스 재료와 함께 볼에 넣고 섞습니다.

7 | 접시에 깜파뉴를 담고 차지키 소스를 바른 뒤 조린 완두콩을 올립니다.

8 | 그 위에 부라타 치즈를 올리고 소금, 후추, 올리브오일을 뿌려 마무리합니다.

Pan Con Tomate

판콘토마테

스페인의 대표적인 타파스 요리입니다. 구운 빵과 생마늘, 잘 익은 토마토로 만드는 판콘토마테는 기름을 두르지 않은 팬에 적당한 두께로 썬 빵을 구움색이 나올 때까지 앞뒤로 잘 굽는 것이 포인트예요. 알싸한 마늘 향과 달큰한 토마토, 향긋한 바질과 고소한 깨, 황금빛 올리브오일까지. 간단한 재료로 최상의 맛과 향을 느낄 수 있어 평소 제가 가장 즐겨 먹는 빵 요리이기도 하답니다.

INGREDIENTS

○ 깜파뉴 2장 ○ 토마토 2개 ○ 마늘 1쪽 ○ 바질 4잎 ○ 올리브오일 2큰술 ○ 소금 2꼬집
○ 후추 2꼬집 ○ 깨 2꼬집

1 │ 기름을 두르지 않은 팬에 깜파뉴를 올리고 중약불에서 구움색이 나올 때까지 앞뒤로 굽습니다.

2 │ 바질잎을 돌돌 말아 채 썹니다.

3 │ 토마토를 반으로 가른 뒤 껍질을 제외하고 강판에 갑니다.

4 │ 포크에 마늘을 꽂아 구운 빵에 긁어서 향을 냅니다.

 접시에 깜파뉴를 담고 간 토마토를 듬뿍
펴 바른 뒤 썰어둔 바질을 올립니다.

6 올리브오일과 소금, 후추, 깨를 차례로 뿌
려 마무리합니다.

Eggy Bread
ns unsalted butter, plus extra to serve
eggs
nilk
re vanilla extract
d cinnamon
tale bread
g the top

Cucumber Mayo Toast
오이마요토스트

호불호가 많이 갈리는 오이는 오싫모(오이를 싫어하는 사람들의 모임)까지 만들어질 만큼 특유의 맛과 향이 짙은데요. 그래서 준비한 토스트입니다. 오이를 얇게 썰어 아삭한 식감은 살리고 고소한 마요네즈로 맛과 향을 부드럽게 중화시켜 오이를 좋아하지 않는 사람도 맛있게 즐길 수 있을 거예요.

(INGREDIENTS)

○ 깜파뉴 2장 ○ 달걀 2개 ○ 오이 1개 ○ 마요네즈 3큰술 ○ 올리브오일 2큰술 ○ 소금 1꼬집
○ 후추 1꼬집 ○ 크러시드 페퍼 1꼬집

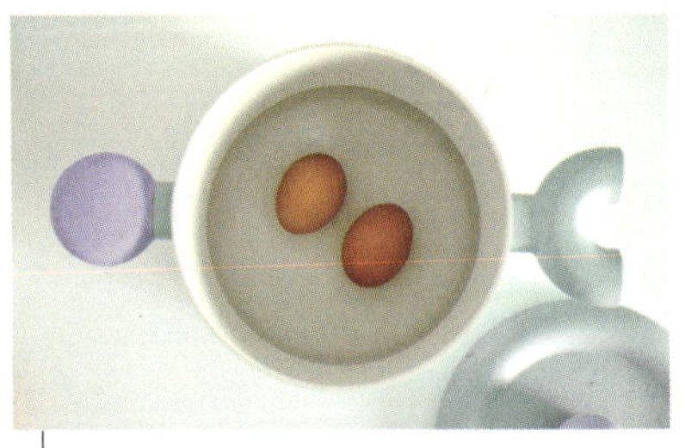

1 냄비에 달걀이 잠길 정도로 물을 붓고 끓어오르면 실온의 달걀을 넣어 8분간 삶습니다.

차가운 달걀을 그대로 삶으면 달걀이 터지거나 껍질이 잘 까지지 않으니 실온의 달걀을 사용하세요. 이때, 식초 1큰술을 넣고 끓이면 껍질이 잘 벗겨져요.

2 달걀을 삶는 동안 감자 필러로 오이를 얇게 슬라이스해 6장 정도 준비합니다.

3 삶은 달걀을 얇게 슬라이스합니다.

저는 도구를 사용했지만, 일반 식칼을 불에 5초간 달군 뒤 사용하면 깔끔하게 자를 수 있어요.

4 접시에 깜파뉴를 담고 마요네즈를 펴 바릅니다.

5 그 위에 오이를 차곡차곡 접어 올립니다.

122

6 | 슬라이스한 달걀을 올리고 소금과 후추, 크러시드 페퍼, 올리브오일을 뿌려 마무리합니다.

크러시드 페퍼가 없다면 홍고추를 잘게 다져 올려도 좋아요.

Baguette

갈릭바게트 / 토마토컵게트 / 당근라페바게트
미트칩스바게트 / 연유바게트

PART 4

바게트

Garlic Baguette

갈릭바게트

먹고 남은 바게트를 가장 간단하고 맛있게 먹는 방법! 대부분의 빵집에서 파는 갈릭바게트는 알싸한 마늘과 파의 조화로 남녀노소 누구나 좋아할 만한 빵이에요. 모든 재료를 섞어서 바게트 위에 얹은 다음 굽기만 하면 되니 집에서도 쉽고 맛있게 갈릭바게트를 즐겨보세요.

(INGREDIENTS)

◯ 바게트 1/2개 ◯ 무염버터 120g ◯ 다진 마늘 2큰술 ◯ 꿀 혹은 설탕 2큰술 ◯ 마요네즈 1큰술 ◯ 다진 파 1큰술 ◯ 파슬리 가루 1큰술 ◯ 소금 1꼬집

1 바게트는 약 1cm 두께로 썹니다.

2 실온에 두어 말랑해진 버터를 볼에 담아 바게트를 제외한 모든 재료를 넣고 섞어 스프레드를 만듭니다. 이때 데코용 파슬리 가루를 조금 남겨둡니다.

3 바게트 위에 스프레드를 듬뿍 바릅니다.

4 180도로 예열한 오븐에서 약 10분간 구운 뒤 남겨둔 파슬리 가루를 뿌려 마무리합니다.

에어프라이어를 사용할 경우 180도에서 5분간 구워주세요.

128

Tomato Cupguette

토마토컵게트

기다란 원통형 바게트를 보고 있으니 흔히 쓰는 '컵'이 떠오르더라고요. 바게트를 컵 모양으로 만들어 속재료를 채우면 어떨까 하는 생각으로 만든 메뉴입니다. 향긋한 바질과 토마토는 믿고 먹는 조합이잖아요? 여기에 몽글몽글 부드러운 리코타 치즈와 마늘, 신선한 올리브오일을 더해 질리지 않고 먹을 수 있는 필승 조합을 탄생시켰습니다.

(INGREDIENTS)

○ 바게트 1/3개 ○ 칵테일토마토 약 10알 ○ 마늘 2쪽 ○ 리코타 치즈 120g
○ 바질 페스토 2큰술 ○ 올리브오일 2큰술 ○ 꿀 1큰술 ○ 소금 3꼬집 ○ 후추 3꼬집

1 │ 바게트 끝부분을 약 1.5cm 두께로 썰고 속을 파낸 뒤 링 모양이 된 바게트의 한쪽 끝을 잘라 컵 손잡이를 만듭니다.

2 │ 나머지 바게트의 속을 완전히 파낸 뒤 손잡이가 들어갈 부분에 칼집을 넣습니다.

3 │ 바게트 손잡이를 칼집에 끼워 넣습니다.

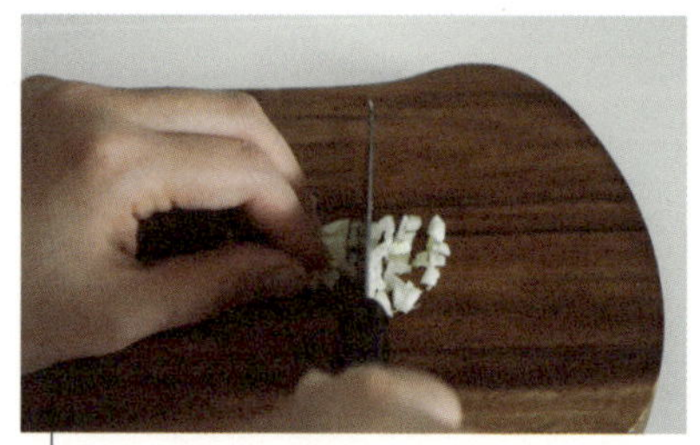

4 │ 마늘은 잘게 다집니다.

6 | 올리브오일을 두른 팬에 토마토를 넣고 약불에서 3분간 볶다가 소금과 후추를 뿌립니다.

5 | 리코타 치즈를 볼에 담고 다진 마늘과 바질 페스토를 넣어 섞습니다.

8 | 꿀을 뿌려 마무리합니다.

7 | 속을 파낸 바게트에 바질 리코타 치즈를 2/3 정도 채운 뒤 볶은 토마토를 올립니다.

Our Sto
Carottes râpées
baguettes

Carrot Rappe Baguette
당근라페바게트

라페는 프랑스어로 '채 썰다'라는 뜻인데요. 채 썬 당근을 이용한 당근 라페는 이제 당근 요리 하면 가장 먼저 떠오를 만큼 친숙해진 프랑스식 샐러드입니다. 새콤달콤한 오일 드레싱에 버무린 당근 라페를 양파와 마늘이 들어간 크림치즈와 곁들였어요. 익숙하면서도 색다른 맛으로 자꾸만 손이 갈 거예요.

INGREDIENTS

○ 약 20cm 바게트 1개 ○ 양파 1/4개 ○ 마늘 1쪽 ○ 크림치즈 200g ○ 연유 2큰술 ○ 소금 1꼬집
○ 데코용 파슬리 줄기

당근 라페 ○ 당근 1개 ○ 올리브오일 3큰술 ○ 홀그레인 머스터드 1큰술 ○ 올리고당 1큰술
○ 소금 2작은술 ○ 후추 3꼬집

2 │ 양파와 마늘은 잘게 다집니다.

1 │ 당근은 얇게 채 썰어 볼에 담은 뒤 소금을
뿌려 잠시 숨을 죽입니다.

3 │ 실온에 두어 말랑해진 크림치즈를 볼에
넣고 풀어준 뒤 다진 양파와 마늘, 연유,
소금을 넣고 잘 섞습니다.

4 │ 숨이 죽은 당근에 라페 재료를 모두 넣고
섞습니다.

5 | 바게트 윗면에 둥글게 칼집을 넣고 속을
파낸 뒤 크림치즈를 채워 넣습니다.

6 | 그 위에 당근 라페를 올리고 파슬리로 데
코해 마무리합니다.

Meat Chips Baguette
미트칩스바게트

'과자를 어떻게 요리에 활용해?'라고 생각한다면 큰 오산입니다! 마트에서 쉽게 구할 수 있는 촉촉한 미트볼과 감자칩을 함께 먹어보면 생각이 바뀔 거예요. 토마토소스를 한껏 머금어 부드러워진 감자칩과 미트볼, 치즈의 조합은 마치 짭조름한 포테이토 피자를 먹는 듯한 기분을 들게 한다니까요!

(INGREDIENTS)

○ 약 20cm 바게트 2개 ○ 파슬리 1줄기 ○ 시판 미트볼 300g ○ 토마토소스 200g ○ 감자칩 40g
○ 모차렐라 치즈 30g

1. 바게트 윗면에 둥글게 칼집을 넣고 속을 파냅니다.

2. 파슬리는 이파리만 떼서 가볍게 다집니다.

3. 감자칩을 볼에 넣고 토마토소스를 부어 섞습니다.

4. 속을 파낸 바게트에 소스에 버무린 감자칩을 채워 넣습니다.

5 | 치즈 20g을 뿌리고 미트볼을 올립니다.

6 | 나머지 치즈를 골고루 뿌린 뒤 전자레인지에 2분간 데웁니다.

7 | 다진 파슬리를 올려 마무리합니다.

Condensed Milk Baguette

연유바게트

달콤한 연유 크림이 바게트에 촉촉하게 스며들어 한입 베어 물었을 때 진한 풍미가 입안 가득 채워지는 메뉴입니다. 고소하고 부드러운 버터와 달콤한 연유를 섞어 맛을 한껏 깊게 만들었어요. 연유바게트를 안 먹어본 사람은 있어도 한 번만 먹어본 사람은 없을걸요?

INGREDIENTS

○ 약 20cm 바게트 2개 ○ 무염버터 130g ○ 마스카포네 치즈 40g ○ 연유 5큰술 ○ 설탕 3큰술 ○ 꿀 1큰술 ○ 바닐라 익스트랙 1작은술

1 | 바게트에 V 모양으로 칼집을 내 속을 파 냅니다.

2 | 실온에 두어 말랑해진 버터를 볼에 넣고 잘 풀어준 뒤 바게트를 제외한 나머지 재료를 모두 넣고 섞어 연유 크림을 만 듭니다.

3 | 속을 파낸 바게트 사이에 연유 크림을 가 득 채웁니다.

144

4 | 전자레인지에 30초간 데운 뒤 냉장고에 20분 정도 보관해 크림을 살짝 굳힙니다.

오븐이나 에어프라이어를 사용할 경우 160도로 예열 후 3분간 구워주세요.

Salt Bread

호코소금콘 / 칠리독소금빵 / 여름소금빵 / 뽀또슈즈
시나몬피칸소금빵

PART 5

향미당

Choco Salt Corn

초코소금콘

아이스크림을 거꾸로 세워놓은 듯한 깜찍한 모양의 초코소금콘은 비주얼뿐만 아니라 맛까지 환상적이에요! 입안에서 사르르 녹는 달콤쌉싸름하고 꾸덕한 초코 무스에 겉바속촉 짭짤한 소금빵을 콕! 찍어 먹는 재미까지 함께 즐겨보세요.

INGREDIENTS

○ 소금빵 2개 ○ 달걀 1개 ○ 생크림 150g ○ 다크 초콜릿 90g ○ 무염버터 45g ○ 박력분 3큰술
○ 설탕 2큰술

1 | 내열 용기에 초콜릿과 버터를 넣고 중탕으로 녹입니다.

2 | 녹인 초콜릿에 설탕을 넣고 섞습니다.

3 | 실온의 달걀을 넣고 잘 섞은 뒤 박력분을 체에 쳐서 넣고 한 번 더 섞습니다.

달걀이 차가울 경우 녹은 초콜릿이 굳을 수 있으니 반드시 실온의 달걀을 사용하세요.

4 | 전자레인지에 30초씩 끊어 네 번 데웁니다.

5 │ 초콜릿을 포크로 긁으며 섞어 보슬보슬한 질감을 만들어준 뒤 생크림을 넣고 섞어 냉동실에서 최소 2시간 이상 얼립니다.

6 │ 차갑게 언 초코 무스를 포크로 가볍게 섞은 뒤 숟가락으로 둥글게 퍼 접시에 담습니다.

7 │ 초코 무스 위에 소금빵을 꽂습니다.

STELLA
ARTOIS
Belgium

Chilly Dog Salt Bread

칠리독소금빵

미국 푸드트럭에서 시작된 정통 아메리칸 스타일의 핫도그를 저만의 스타일로 재해석했습니다. 잘게 다진 고기에 양파와 향신료를 넣어 뭉근하게 끓인 칠리 소스를 탱글한 소시지와 함께 소금빵 사이에 가득 채웠어요. 한 끼 식사로도 손색없을 만큼 든든하답니다.

INGREDIENTS

◯ 소금빵 2개 ◯ 핫도그용 소시지 2개 ◯ 양파 1/2개 ◯ 다진 소고기 200g ◯ 케첩 3큰술
◯ 머스터드 3큰술 ◯ 식용유 2큰술 ◯ 간장 1큰술 ◯ 카레 가루 1/2큰술 ◯ 고춧가루 1/2큰술
◯ 슈레드 치즈 2줌 ◯ 소금 1꼬집 ◯ 후추 1꼬집

1 │ 양파는 잘게 다집니다.

2 │ 식용유 1큰술을 두른 팬에 소시지를 올리고 중약불에서 노릇하게 굽습니다.

3 │ 식용유 1큰술을 두른 팬에 다진 양파와 소고기를 넣고 소고기가 익을 때까지 중불에서 볶습니다.

4 │ 소고기가 익으면 케첩, 간장, 카레 가루, 고춧가루, 소금, 후추를 넣고 중약불에서 볶아 칠리 소스를 만듭니다.

5 | 소금빵을 2/3 정도 썬 뒤 양쪽 면에 머스터드를 골고루 바릅니다.

6 | 머스터드를 바른 빵 사이에 구운 소시지를 끼우고 칠리 소스를 듬뿍 올립니다.

7 | 슈레드 치즈를 뿌려 마무리합니다.

BONANZA

Summer Salt Bread

여름소금빵

구황작물을 좋아하는 저는 여름 하면 제일 먼저 초당옥수수가 떠오르는데요.
무더운 여름을 즐겁게 보내기 위해 초당옥수수를 소금빵에 듬뿍 담았습니다.
시원하고 부드러운 옥수수 크림과 쫄깃한 소금빵, 화룡점정을 찍어줄 바삭
짭짤한 콘칩까지. 자, 여름을 즐겁게 보내기 위한 준비가 끝났습니다!

INGREDIENTS

○ 소금빵 1개 ○ 콘칩 1줌
옥수수 크림 ○ 초당옥수수 2개 ○ 생크림 250g ○ 설탕 2큰술 ○ 바닐라 익스트랙 1작은술

1 | 껍질을 제거한 초당옥수수를 그릇에 담아 랩을 씌운 뒤 전자레인지에 5분간 돌려 익힙니다.

찜기를 사용할 경우 중불에서 10분간 쪄주세요.

2 | 옥수수를 세워 칼로 알맹이를 분리합니다. 이때 데코용으로 몇 알 남겨둡니다.

3 | 믹서기에 옥수수 알맹이와 나머지 옥수수 크림 재료를 모두 넣고 곱게 갑니다.

4 | 옥수수 크림을 볼에 붓고 랩을 씌워 냉동실에서 12시간 이상 굳힙니다.

158

5 | 소금빵은 1/3만 자르고 밑동이 될 소금빵
을 컵에 꽂습니다.

6 | 컵에 꽂은 소금빵 위에 얼린 옥수수 크림
을 올립니다.

7 | 잘라둔 소금빵을 덮고 콘칩을 잘게 부숴 데코용 옥수수와 함께 올려 마무리합니다.

BONANZA

Bbotto Shoes

뽀또슈즈

신발을 연상케 하는 귀여운 뽀또슈즈는 우리가 잘 아는 과자 '뽀또'의 맛을 소금빵에 듬뿍 담은 메뉴입니다. 질 좋은 버터와 크림치즈에 고소한 황치즈를 더해 마치 고급 버전의 뽀또를 먹는 듯 깊은 풍미를 극대화했어요. 황치즈를 좋아한다면 뽀또슈즈 한번 신어보세요!

INGREDIENTS

○ 소금빵 2개 ○ 뽀또 1봉지 ○ 크림치즈 100g ○ 무염버터 45g ○ 생크림 15g
○ 슈거 파우더 3큰술 ○ 황치즈 가루 2.5큰술

1 소금빵 1/3 정도 위치에 세로로 칼집을 낸 뒤 가로로 길게 갈라 신발 모양을 만듭니다.

2 실온에 두어 말랑해진 버터를 볼에 넣고 잘 풀어줍니다.

3 실온에 두어 말랑해진 크림치즈와 버터를 섞은 뒤 슈거 파우더를 넣고 한 번 더 섞습니다.

4 황치즈 가루를 넣고 잘 섞은 뒤 생크림을 섞어가며 부드러운 크림 형태로 농도를 맞춥니다.

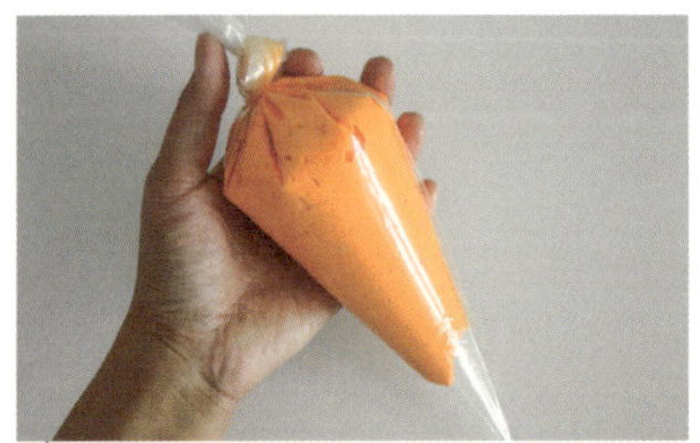

5 짤주머니나 지퍼백에 황치즈 크림을 담습니다.

6 소금빵의 잘린 단면에 황치즈 크림을 짜서 올립니다.

7 | 반으로 자른 뽀또를 올려 마무리합니다.

Cinnamon Pecan Salt Bread
시나몬피칸소금빵

폭신폭신한 소금빵에 향긋한 시나몬 필링, 시나몬과 찰떡궁합을 이루는 피칸의 고소함, 거기에 달콤하고 부드러운 크림치즈 프로스팅까지! 진하게 내린 커피와 함께 먹으면 시나몬을 그다지 좋아하지 않는 사람도 맛있게 즐길 수 있을 거예요.

$$\text{INGREDIENTS}$$

○ 소금빵 1개 ○ 피칸 35g ○ 무염버터 20g ○ 흑설탕 2큰술 ○ 시나몬 파우더 1작은술
크림치즈 프로스팅 ○ 크림치즈 90g ○ 무염버터 35g ○ 슈거 파우더 8큰술
○ 바닐라 익스트랙 1작은술

2 피칸을 굵게 다집니다. 이때 데코용 피칸
2개는 남겨둡니다.

1 소금빵을 4등분해 유산지를 깐 오븐 접시
에 각 2개씩, 총 2접시에 나눠 담습니다.

3 실온에 두어 말랑해진 버터와 다진 피칸,
흑설탕, 시나몬 파우더를 볼에 넣고 섞어
시나몬 필링을 만듭니다.

4 소금빵 중간 부분을 꾹 눌러 홈을 만든 뒤
시나몬 필링을 채워 넣습니다.

5 | 소금빵 윗부분(뚜껑)을 덮고 160도로 예
열한 오븐에서 15분간 굽습니다.

에어프라이어를 사용할 경우 160도에서
10분간 구워주세요.

6 | 크림치즈 프로스팅 재료를 볼에 넣고 섞
습니다.

크림치즈와 버터는 미리 실온에 두어 말랑하게
만들어주세요.

7 | 소금빵 위에 크림치즈 프로스팅을 올립
니다.

8 | 데코용 피칸을 올려 마무리합니다.

Croissant

헤이즐넛크루아상푸딩 / 파리감자크루샌드
화이트구마크루아상 / 누네띠네크룽지
말차범벅크루아상 / 크루아상추로스와 쇼콜라쇼

Hazelnut Croissant Pudding
헤이즐넛크루아상푸딩

겹겹이 쌓인 버터가 매력적인 크루아상 사이에 달콤한 누텔라가 스며들어 더욱 부드럽고 달콤하게 즐길 수 있는 메뉴입니다. 따끈한 빵 위에 올라간 바닐라 아이스크림이 사르르 녹는 순간, 크루아상푸딩의 진가가 발휘되니 꼭 아이스크림을 곁들여주세요.

INGREDIENTS

○ 크루아상 1개 ○ 달걀 1개 ○ 바닐라 아이스크림 1스쿱 ○ 생크림 150g ○ 누텔라 80g
○ 무염버터 20g ○ 코코아 파우더 2큰술 ○ 데코용 코코아 파우더 1작은술

1 크루아상을 2/3만 반으로 가릅니다.

2 달걀, 생크림, 누텔라, 코코아 파우더를 넓은 볼에 넣고 잘 섞습니다.

3 크루아상을 담가 앞뒤로 골고루 묻힙니다.

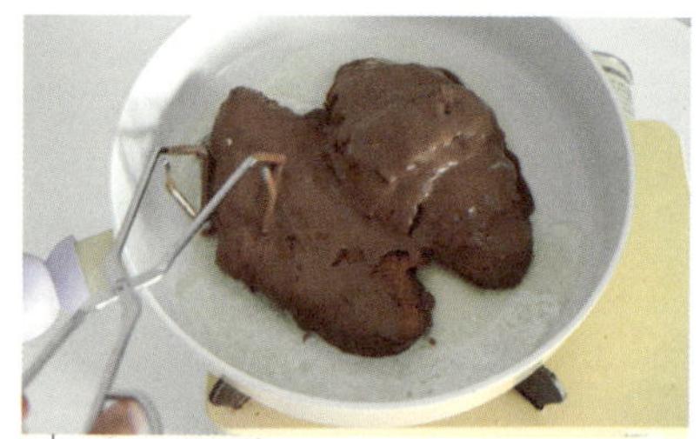

4 버터를 두른 팬에 크루아상을 올려 약불에서 앞뒤로 5분간 익힌 뒤 접시에 담아 한 김 식힙니다.

5 식은 크루아상 사이에 바닐라 아이스크림을 채웁니다.

6 데코용 코코아 파우더를 뿌려 마무리합니다.

Kkwarigochu Potato Sandwich

꽈리감자크루샌드

삶아도 맛있고 구워도 맛있는 감자에 버터를 넣어 풍미를 더한 후 파삭한 크루아상에 샌드해 맛과 식감을 살렸어요. 킥은 꽈리고추! 자칫 느끼할 수 있는 감자샌드위치에 꽈리고추로 매콤하고 알싸한 맛을 더해 질리지 않고 먹을 수 있는 꿀조합을 탄생시켰습니다. 오늘 아침 메뉴는 꽈리감자크루샌드 어때요?

$$\text{INGREDIENTS}$$

○ 크루아상 1개 ○ 꽈리고추 2개 ○ 감자 1개 ○ 쪽파 5줄기 ○ 무염버터 20g
○ 마요네즈 2큰술 ○ 올리고당 2큰술 ○ 소금 1꼬집

1 감자 껍질을 깎아 4등분해 전자레인지 용기에 담아 랩을 씌운 뒤 약 3분간 데워 익힙니다.

젓가락으로 감자를 찔렀을 때 푹 들어갈 정도로 익혀주세요.

2 크루아상의 양쪽 끝부분을 잘라내고 세로로 4등분합니다.

3 쪽파는 잘게 다집니다.

4 팬에 버터 절반을 녹이고 크루아상과 꽈리고추가 노릇해질 때까지 약불에서 굽습니다.

5 | 감자가 따뜻할 때 나머지 버터를 넣고 포크로 으깹니다.

6 | 으깬 감자에 다진 쪽파와 마요네즈, 올리고당, 소금을 넣고 섞어 감자 무스를 만듭니다. 이때 데코용 쪽파를 조금 남겨둡니다.

7 | 접시에 크루아상 2개를 깔고 감자 무스를 듬뿍 올립니다.

8 | 나머지 크루아상과 꽈리고추, 데코용 쪽파를 올려 마무리합니다.

Whiteguma Croissant

화이트구마크루아상

어린 시절 동네 빵집에서 많이 본, 카스텔라 가루가 잔뜩 뿌려진 폭신한 빵을 기억하시나요? 여러 이름으로 불리는 이 빵은 바로 화이트롤인데요. 달콤한 옛 추억을 회상하면서 크루아상에 그 맛을 더했습니다. 부드러운 카스텔라와 바삭한 크루아상, 꿀이 뚝뚝 떨어지는 고구마의 만남! 추억의 빵 맛을 아는 사람이라면 분명 좋아할 거예요.

INGREDIENTS

○ 크루아상 2개 ○ 카스텔라 2개 ○ 찐고구마(주먹 크기) 2개 ○ 생크림 350g ○ 설탕 3큰술

1 구움색이 진한 카스텔라 윗면을 칼로 썰어냅니다.

2 채반이나 강판을 이용해 카스텔라를 곱게 갑니다.

3 껍질을 벗긴 찐고구마를 볼에 넣고 으깹니다.

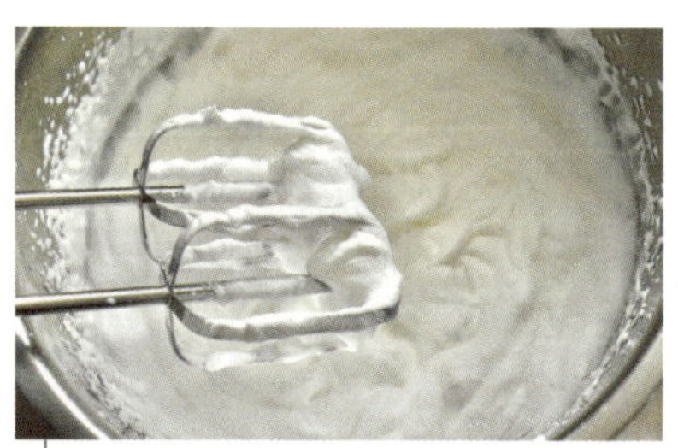

4 차가운 상태의 생크림과 설탕을 볼에 넣고 단단해질 때까지 휘핑합니다.

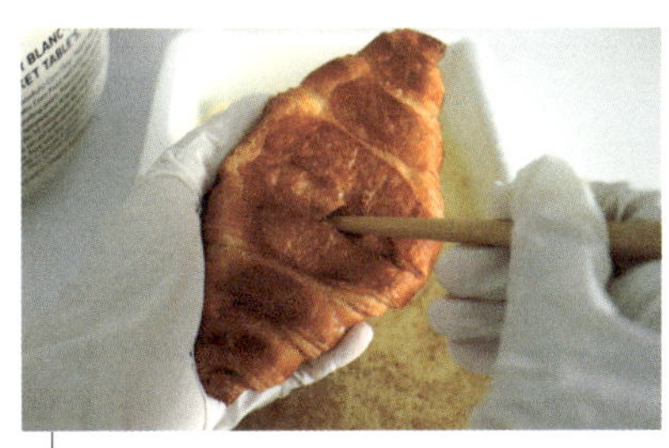

5 | 으깬 고구마에 휘핑한 생크림을 넣고 섞어 고구마 무스 크림을 만든 뒤 2큰술을 남겨두고 짤주머니나 지퍼백에 담습니다.

6 | 젓가락으로 크루아상 밑면에 구멍을 냅니다.

크림이 많이 들어갈 수 있도록 젓가락을 옆으로 살살 흔들어 공간을 만들어주세요!

7 | 크루아상 속에 고구마 무스 크림을 가득 채운 뒤 남겨둔 크림을 겉면에 골고루 바릅니다.

8 | 크림을 바른 겉면에 곱게 간 카스텔라를 골고루 묻힙니다.

Nuneddine Croissant

누네띠네크룽지

누네띠네와 크루아상의 색다른 만남! 납작하게 누른 바삭한 크루아상에 달달
한 슈거 아이싱과 딸기잼을 더해 식감과 맛을 극대화했어요. 크루아상을 이렇
게까지 재밌고 맛있고 다양하게 먹는 나라는 우리나라가 유일무이하지 않을
까요?

(INGREDIENTS)

○ 크루아상 2개 ○ 달걀 흰자 15g ○ 슈거 파우더 10큰술 ○ 메이플 시럽 2큰술 ○ 딸기잼 2큰술
○ 식용유 1큰술

1 팬에 식용유를 두르고 키친타월로 닦아
냅니다.

빵이 눌어붙지 않게 팬을 코팅하는 과정이에요.

2 팬에 크루아상을 올려 종이포일을 덮고
냄비로 납작하게 누른 뒤 앞뒤로 살짝만
구워 크룽지를 만듭니다.

구움색을 체크하며 초약불에서 구워주세요.

3 납작하게 구운 크루아상 양면에 메이플 시
럽을 뿌린 뒤 코팅해 크룽지를 만듭니다.

4 슈거 파우더와 달걀 흰자를 볼에 넣고 거
품기로 섞어 슈거 아이싱을 만듭니다.

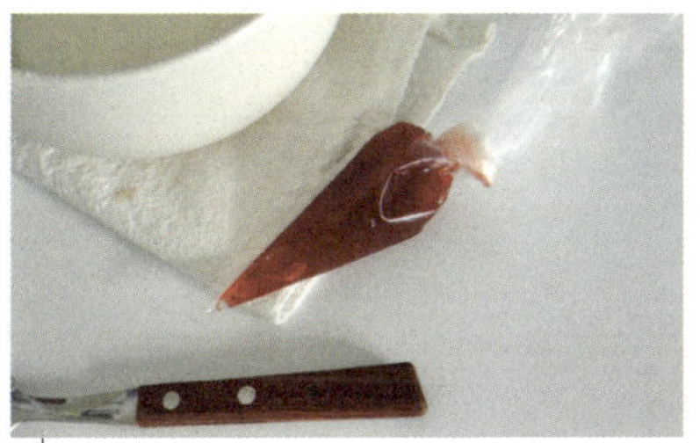

5 딸기잼은 짤주머니나 지퍼백에 담아 준
비합니다.

과육이 많은 잼이라면 체에 한번 걸러주세요.

6 크룽지에 슈거 아이싱을 골고루 펴 바릅
니다.

7 그 위에 다이아몬드 모양으로 딸기잼을
뿌립니다.

8 180도로 예열한 오븐 혹은 에어프라이
어에서 10분간 굽습니다.

Matcha Croissant
말차범벅크루아상

말차 덕후라면 그냥 지나칠 수 없는 메뉴! 쌉싸름한 말차 크림과 달콤 부드러운 팥앙금이 완벽한 조화를 이룬, 말차 덕후의 마음을 단번에 사로잡는 맛이에요. 손이 많이 가는 팥앙금 대신 국민 간식 연양갱을 사용해 쉽고 간단하게 즐길 수 있으니 말차를 좋아한다면 꼭 만들어보세요.

(INGREDIENTS)

○ 크루아상 1개 ○ 연양갱 3개 ○ 생크림 200g ○ 말차 파우더 2큰술 ○ 설탕 2큰술
○ 호두 1줌(약 35g)

1 호두를 조그마한 크기로 다집니다.

2 볼에 연양갱을 담아 전자레인지에 1분간 데웁니다.

3 녹은 양갱을 잘 풀어준 뒤 다진 호두를 넣고 섞어 팥앙금을 만듭니다.

4 차가운 상태의 생크림과 말차 파우더, 설탕을 볼에 넣고 단단해질 때까지 휘핑해 말차 크림을 만듭니다. 이때 데코용 말차 파우더를 1작은술 남겨둡니다.

190

5 | 완성된 크림을 3큰술 정도 남기고 짤주머니나 지퍼백에 담습니다.

6 | 젓가락으로 크루아상 밑면에 구멍을 낸 뒤 말차 크림을 채워 넣습니다.

크림이 많이 들어갈 수 있도록 젓가락을 옆으로 살살 흔들어 공간을 만들어주세요!

8 | 남겨둔 말차 파우더를 골고루 뿌려 마무리합니다.

7 | 크루아상을 접시에 담은 뒤 호두 팥앙금과 남겨둔 말차 크림을 차례로 올립니다.

have it
Harriet.
CAKE CAKE CAKE
fresh cream cake
flat white

Croissant Churros and Chocolat Chaud

크루아상추로스와 쇼콜라쇼

크루아상 생지를 활용한 번외 메뉴를 소개합니다. 놀이공원에 가면 빼놓을 수 없는 간식이 바로 추로스 아닐까요? 추로스의 본고장인 스페인에서는 추로스에 초콜릿 음료를 곁들여 아침 식사로 먹곤 하는데요. 크루아상 생지로 추로스를 만들어 풍미와 식감을 살렸습니다. 여기에 따뜻하고 달콤한 쇼콜라쇼를 푹 찍어 먹으면 고단했던 하루의 피로가 사르르 녹아내릴 거예요.

INGREDIENTS

○ 크루아상 생지 4개 ○ 밀가루 4큰술 ○ 설탕 4큰술 ○ 시나몬 파우더 1작은술
쇼콜라쇼 ○ 생크림 250g ○ 다크 초콜릿 커버추어 70g ○ 설탕 1큰술 ○ 소금 1꼬집

● 일반 시판 초콜릿을 사용해도 좋아요.

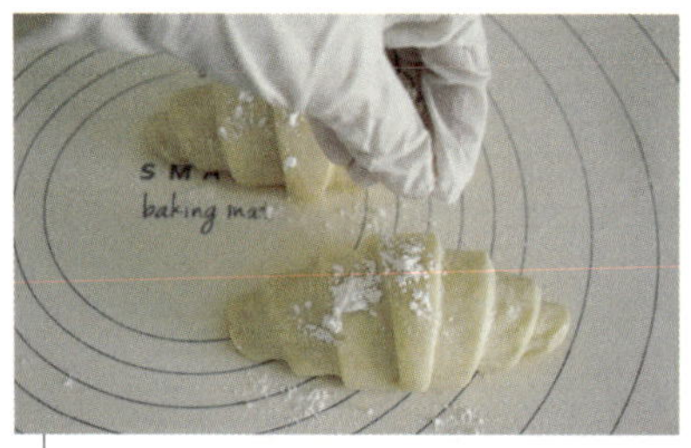

1 실온에 두어 말랑해진 크루아상 생지에
밀가루를 뿌립니다.

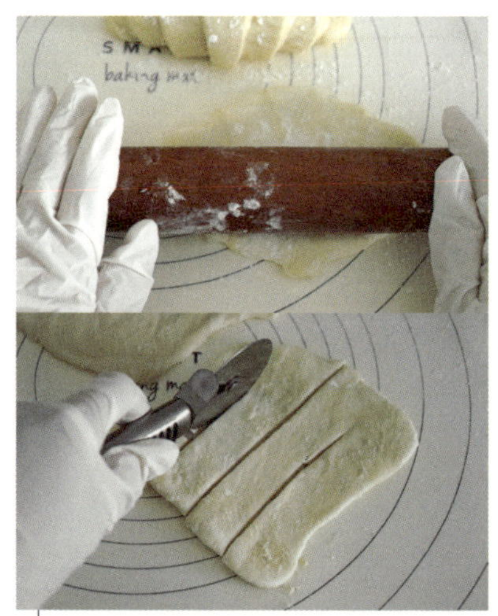

2 밀대를 사용해 생지를 납작하게 밀고 반
으로 잘라 칼집을 냅니다.

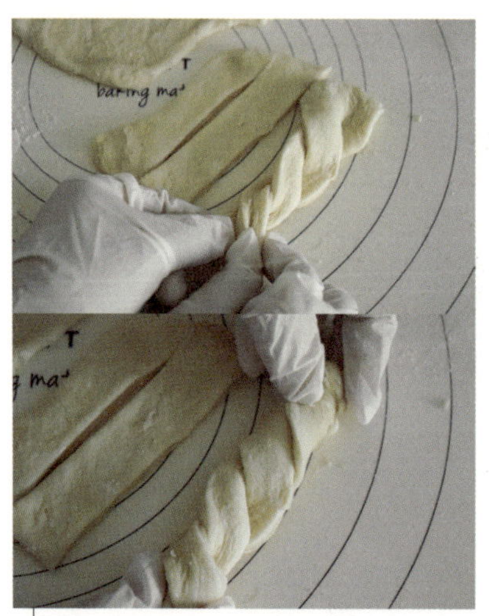

3 칼집 낸 생지를 꼬아 꽈배기 모양으로 만
듭니다.

4 190도로 예열한 오븐에서 12분간 굽습
니다.

에어프라이어를 사용할 경우 180도에서
10분간 구워주세요.

5 | 냄비에 쇼콜라쇼 재료를 모두 넣고 중약
불에서 약 5분간 저어가며 끓입니다.

6 | 완성된 쇼콜라쇼는 한 김 식힙니다.

7 | 접시에 설탕과 시나몬 파우더를 넣고 잘
섞습니다.

8 | 크루아상추로스가 식기 전에 시나몬 설
탕을 골고루 묻힙니다.

 접시에 크루아상추로스를 담고 컵에 쇼콜라쇼를 따라 함께 냅니다.

Dinner Roll

핫도그 / 달걀샌드 / 크렘브륄레모닝빵
하와이안스팸모스비 / 피넛크림빵

PART 7

빵

만

Hot Dog

핫!도그

동그란 모닝빵으로 만든 귀여운 강아지, 핫!도그입니다. 맛이 없을 수 없는 재료를 사용해 남녀노소 누구나 즐길 만한 간식으로 제격이에요. 사랑스러운 비주얼에 만드는 재료와 방법도 간단해 아이들과 함께 만들면 더욱 재밌고 행복할 것 같아요! 출출함을 달랠 간식으로 핫!도그, 어떤가요?

(**INGREDIENTS**)

○ 모닝빵 3개 ○ 프랑크 소시지 3개 ○ 슬라이스 치즈 3장 ○ 모차렐라 치즈 30g ○ 케첩 3큰술
○ 콘옥수수 3큰술 ○ 딸기잼 2큰술 ○ 다크 초코펜

1 모닝빵은 2/3 정도 반으로 가릅니다.

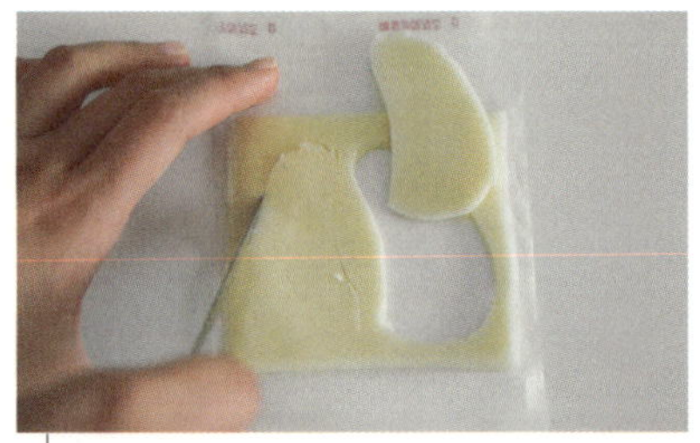

2 슬라이스 치즈를 강아지 귀 모양으로 잘라 준비합니다.

3 빵 윗면에 딸기잼, 아랫면에 케첩을 바릅니다.

4 귀 모양으로 자르고 남은 슬라이스 치즈와 물기를 뺀 콘옥수수, 모차렐라 치즈를 모닝빵 절반까지만 채워 넣습니다.

5 끓는 물에 살짝 데친 소시지를 빵 사이에 끼운 뒤 전자레인지에 1분간 데웁니다.

6 | 잘라둔 귀 모양의 치즈를 붙이고 초코펜으로 눈과 코를 그려 완성합니다.

남은 치즈를 둥글게 잘라 붙이고 눈을 그려 넣어도 좋아요.

Egg Sand

달걀샌드

몽글몽글한 달걀에 코끝 찡해지는 와사비 소스를 더해 풍미를 살렸어요. 심플하고 맛있는 조합이라 아침 식사나 간식으로 먹기 딱 좋은 메뉴입니다. 폭신 달달한 달걀과 잘 어울리는 와사비 소스, 모든 것을 아우르는 담백한 모닝 빵까지 부담 없이 즐겨보세요.

(INGREDIENTS)

○ 모닝빵 2개 ○ 달걀 4개 ○ 마요네즈 1큰술 ○ 참치액 1큰술 ○ 식용유 1큰술 ○ 설탕 1큰술 ○ 소금 1꼬집 ○ 파슬리 가루 1꼬집

와사비 소스 ○ 마요네즈 2큰술 ○ 올리고당 1큰술 ○ 와사비 1/2작은술

2 달걀물을 체에 걸러 부드럽게 만듭니다.

1 식용유, 파슬리 가루, 와사비 소스 재료를 제외한 나머지 재료를 볼에 넣고 섞습니다.

3 식용유를 두른 팬에 달걀물을 부어 초약불에서 천천히 저어주며 익힙니다.

4 달걀이 몽글몽글하게 익으면 네모 모양으로 잡아주고 뒤집어 한 번 더 익힙니다.

208

5 │ 익은 달걀은 반으로 썹니다.

6 │ 와사비 소스 재료를 볼에 넣고 섞습니다.

8 │ 파슬리 가루를 뿌려 마무리합니다.

7 │ 모닝빵을 반으로 갈라 달걀을 올리고 와
사비 소스를 뿌린 뒤 나머지 빵을 덮습
니다.

ALEXA CH

Cr̀eam Brûlée Dinner Roll
크렘브륄레모닝빵

모닝빵에 뽀얀 커스터드 크림을 듬뿍 채우고 달콤한 설탕 시럽을 코팅해 톡톡 깨서 먹는 즐거움을 더했어요. 커스터드 크림 덕분에 한층 더 촉촉하고 부드러워진 모닝빵에 바삭한 설탕이 씹혀 다채로운 식감까지 느낄 수 있습니다. 차갑게 먹어야 더욱 맛있어요!

○ 모닝빵 5개 ○ 커스터드 크림 100g(24p 참고) ○ 생크림 50g ○ 물 50g ○ 설탕 8큰술

1 차가운 상태의 생크림을 볼에 넣고 단단해질 때까지 휘핑한 뒤 커스터드 크림을 넣고 잘 섞습니다.

2 짤주머니나 지퍼백에 크림을 담습니다.

3 젓가락을 이용해 모닝빵 옆면에 구멍을 냅니다.

크림이 많이 들어갈 수 있도록 젓가락을 옆으로 살살 흔들어 공간을 만들어주세요!

4 모닝빵 속에 커스터드 크림을 채워 넣습니다.

5 | 냄비에 물과 설탕을 넣고 중불에서 젓지
않은 채로 황금색이 될 때까지 끓여 설탕
시럽을 만듭니다.

6 | 모닝빵에 설탕 시럽을 바른 뒤 잠시 굳혀
코팅합니다.

냉장 보관해 차갑게 먹으면 더욱 맛있어요.

Hawaiian Spam Mosubi
하와이안스팸모스비

김으로 감싼 일본의 주먹밥인 '무스비'와 '모닝빵'이 만나 새로운 맛으로 재탄생한 '스팸모(닝빵)스비'입니다. 간장 소스에 조린 스팸과 치즈, 촉촉하고 부드러운 아보카도와 담백한 모닝빵을 김으로 감싸 익숙한 듯 색다른 맛이 느껴지는 스팸모스비를 보니 왠지 소풍을 떠나는 듯 기분이 좋아져요.

(INGREDIENTS)

◯ 모닝빵 2개 ◯ 스팸 작은 캔 1개(200g) ◯ 아보카도 1/2개 ◯ 슬라이스 치즈 2장
◯ 조미김 2장 ◯ 올리고당 2큰술 ◯ 간장 1큰술 ◯ 미림 1큰술 ◯ 식용유 1큰술

1 | 스팸은 가로로 썰어 준비합니다.

2 | 아보카도와 껍질 사이에 숟가락을 넣어 긁어주듯 과육을 분리한 뒤 0.5cm 두께로 슬라이스합니다.

3 | 올리고당과 간장, 미림을 볼에 넣고 섞어 간장 소스를 만듭니다.

4 | 식용유를 두른 팬에 스팸을 올리고 약불에서 앞뒤로 노릇하게 구운 뒤 간장 소스를 붓고 3분간 조립니다.

218

5 | 모닝빵을 반으로 가른 뒤 스팸을 올리고
슬라이스 치즈를 반으로 접어 올립니다.

6 | 그 위에 슬라이스한 아보카도를 올리고
나머지 빵을 덮습니다.

7 | 모닝빵을 반으로 썬 뒤 김을 1.5cm 두께
로 길게 잘라 이어 붙여 빵을 감쌉니다.

김 이음새 부분에 물을 묻히면 잘 붙어요.

Peanut Cream Dinner Roll
피넛크림빵

빵집이나 마트에서 파는 땅콩크림샌드를 아시나요? 그 맛을 그대로 구현한 피넛크림빵입니다. 땅콩 맛이 가득 느껴지는 버터리한 땅콩 크림과 푹신한 모닝빵에 스며든 버터, 자글자글 씹히는 설탕과 땅콩 분태로 맛도 식감도 사로잡았습니다. 자꾸만 생각나는 고소한 맛을 느껴보세요.

INGREDIENTS

○ 모닝빵 3개 ○ 생크림 120g ○ 무염버터 5g ○ 땅콩버터 3큰술 ○ 설탕 3큰술
○ 땅콩 분태 2꼬집

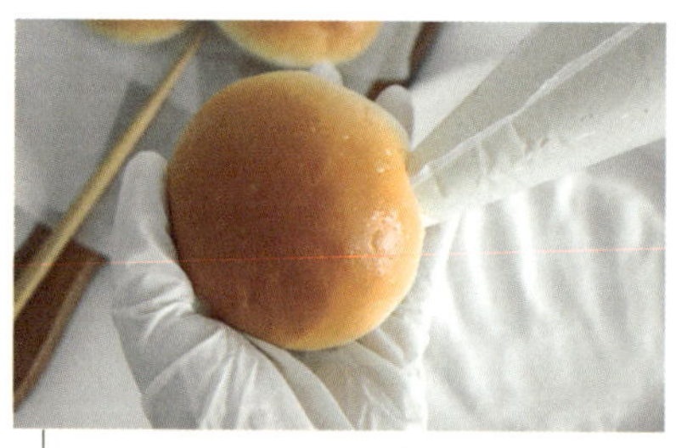

2 젓가락을 이용해 모닝빵 옆면에 구멍을 낸 뒤 땅콩 크림을 가득 채워 넣습니다. 이때 데코용 크림을 조금 남겨둡니다.

크림이 많이 들어갈 수 있도록 젓가락을 옆으로 살살 흔들어 공간을 만들어주세요!

1 차가운 상태의 생크림과 땅콩버터를 볼에 넣고 단단해질 때까지 휘핑해 땅콩 크림을 만든 뒤 짤주머니나 지퍼백에 담습니다.

4 설탕도 골고루 묻힙니다.

3 전자레인지에 버터를 약 10초간 돌려 완전히 녹인 뒤 모닝빵에 골고루 바릅니다.

222

5 | 모닝빵 위에 데코용 크림을 둥글게 짜서 올리고 땅콩 분태를 뿌려 마무리합니다.

Castella

치킨케이크팝 / 통멜론케이크 / 딸기초코솔방울케이크
레밍턴케이크 / 약과보틀케이크

PART 8

카스텔라

Chicken Cake Pop
치킨케이크팝

'왜 빵 책에 치킨이…?'라고 생각한다면 큰 오산입니다. 이 메뉴는 빵집이나 마트에서 쉽게 구할 수 있는 카스텔라로 만든 케이크이니까요! 그냥 먹어도 맛있는 카스텔라를 한데 뭉쳐 고소한 크림치즈를 바른 뒤 바삭한 시리얼을 골고루 묻혀 닭다리 모양으로 만들었습니다. 비주얼도 맛도 놀라운 치킨케이크, 만우절에 먹어도 재밌겠죠?

INGREDIENTS

○ 카스텔라 5개 ○ 맛동산 3알 ○ 콘푸로스트 60g ○ 우유 50g ○ 크림치즈 50g ○ 딸기잼 2큰술
○ 땅콩 분태 혹은 아몬드 분태 1큰술

1 | 지퍼백에 콘푸로스트를 넣고 도구를 이용해 잘게 부숴 준비합니다.

2 | 딸기잼은 부드러운 질감을 위해 체에 한 번 거른 뒤 짤주머니나 지퍼백에 담습니다.

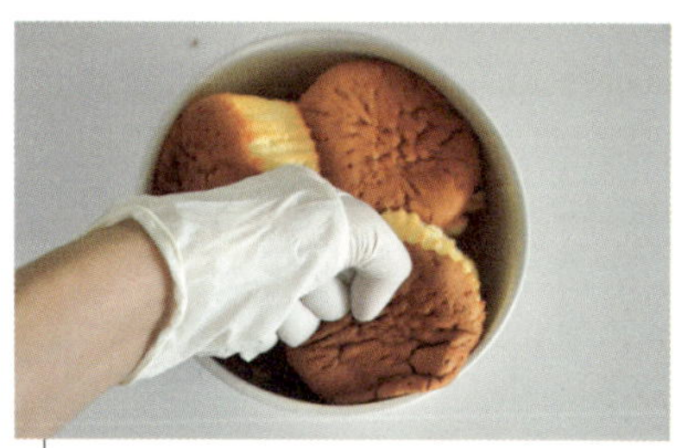

3 | 카스텔라를 볼에 담고 으깹니다.

4 | 으깬 카스텔라에 우유를 넣고 섞습니다.

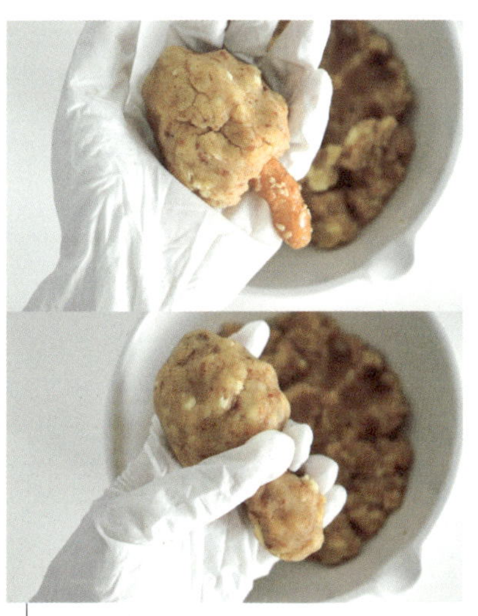

6 실온에 두어 말랑해진 크림치즈를 잘 풀어준 뒤 카스텔라 겉면에 바릅니다.

5 맛동산에 으깬 카스텔라를 닭다리 모양으로 뭉칩니다.

7 잘게 부순 콘푸로스트를 겉면에 골고루 묻힙니다.

8 접시에 치킨케이크를 담고 딸기잼과 땅콩 분태를 뿌려 마무리합니다.

Melon Cake
통멜론케이크

촉촉한 카스텔라 시트와 부드러운 크림과 멜론이 통째로 들어간, 제철 멜론을 가장 맛있게 먹을 수 있는 통멜론케이크입니다. 시판 카스텔라와 고당도 멜론을 사용해 맛뿐만 아니라 비주얼까지 사로잡았으니 눈으로 한 번, 입으로도 한 번 즐겨보세요!

INGREDIENTS

◯ 카스텔라 4개 ◯ 멜론 1통 ◯ 생크림 300g ◯ 물 10g ◯ 설탕 4큰술

1 멜론의 밑동과 윗동을 자릅니다.

2 윗면에 둥글게 칼집을 내 속을 깨끗하게 파냅니다. 이때 뚜껑 역할을 할 멜론 속을 따로 남겨둡니다.

3 파낸 멜론을 먹기 좋은 크기로 썹니다.

4 차가운 상태의 생크림과 설탕 3큰술을 볼에 넣고 단단해질 때까지 휘핑한 뒤 짤주머니나 지퍼백에 담습니다.

5 | 전자레인지에 10초간 데운 물에 설탕 1큰술을 넣고 잘 녹여 설탕 시럽을 만듭니다.

6 | 구움색이 짙은 카스텔라 윗면을 잘라낸 뒤 2cm 두께로 썹니다.

8 | 카스텔라 위에 설탕 시럽을 골고루 바르고 생크림, 멜론, 카스텔라 순으로 쌓습니다. 꽉 찰 때까지 이 과정을 반복합니다.

7 | 멜론 바닥에 생크림을 평평하게 짜 넣고 카스텔라를 빈틈없이 깝니다.

9 | 남겨둔 멜론 속으로 윗부분을 덮고 먹기 좋게 썹니다.

Strawberry Choco
Pine Cone Cake

딸기초코솔방울케이크

'누가 솔방울을 접시에 올려놨어?'라고 착각할 만큼 솔방울과 똑 닮은 케이크를 소개합니다! 초콜릿이 들어가 더욱 달콤한 카스텔라 반죽과 새콤달콤한 딸기의 믿고 먹는 조합, 그리고 바삭한 플레이크로 탄생한 귀여운 비주얼까지. 로즈마리로 플레이팅 포인트를 더하니 진짜 솔방울 같지 않나요?

INGREDIENTS

○ 카스텔라 2개 ○ 딸기 3~5알 ○ 초콜릿 50g ○ 초코 플레이크 30g

1 │ 딸기는 깨끗이 씻어 꼭지를 제거합니다.

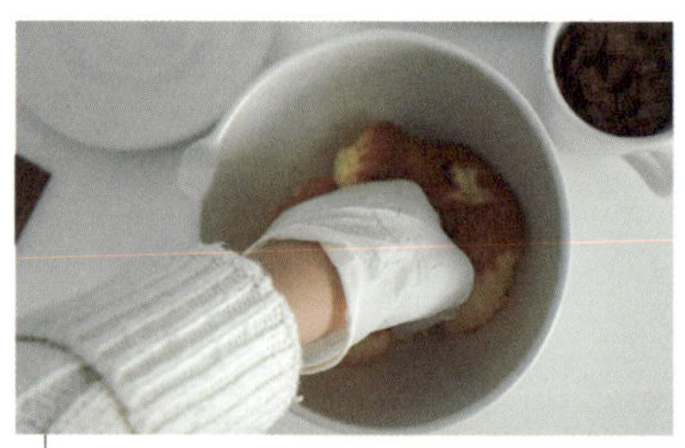

2 │ 카스텔라를 볼에 담고 으깹니다.

3 │ 으깬 카스텔라에 초콜릿을 넣고 전자렌지에 30초씩 끊어 세 번 데웁니다.

4 │ 카스텔라와 초콜릿이 잘 뭉쳐지도록 반죽합니다.

반죽이 너무 되직하다면 우유 3큰술을 넣고 섞어주세요.

6 │ 초코 플레이크를 층층이 꽂아 솔방울 잎
을 표현합니다.

5 │ 반죽을 둥글납작하게 만들어 그 안에 딸
기를 넣고 고깔 모양으로 빚습니다.

Lamington Cake
레밍턴케이크

호주의 국민 케이크라고도 불리는 레밍턴케이크를 아시나요? 촉촉하고 폭신한 레밍턴케이크를 시판 카스텔라로 간단하게 만들어봤어요. 부드러운 카스텔라에 딸기잼을 바르고 달콤한 초콜릿을 코팅한 뒤 아삭한 코코넛 토핑을 골고루 묻힌, 먹을수록 행복해지는 맛이랍니다. 한번 먹어보면 왜 호주의 국민케이크라 불리는지 단번에 이해될 거예요.

(**INGREDIENTS**)

○ 카스텔라 1개 ○ 생크림 100g ○ 다크 초콜릿 커버추어 80g ○ 코코넛 가루 4큰술
○ 딸기잼 3큰술 ○ 데코용 생크림 50g ○ 데코용 과일

● 네모난 나가사키 카스텔라를 사용하면 자를 때 더 편리해요. 커버추어 대신 일반 시판 초콜릿을 사용해도 좋아요.

1 카스텔라를 반으로 가른 뒤 네모 모양으로 잘라 10조각을 준비합니다.

2 한 면에 딸기잼을 바르고 카스텔라를 덮어 냉동실에서 30분 이상 얼립니다.

반드시 얼려야 가나슈가 많이 흡수되지 않고 빠르게 잘 굳습니다.

3 생크림과 초콜릿을 볼에 넣고 중탕으로 녹여 가나슈를 만듭니다.

4 | 데코용 생크림은 차가운 상태에서 단단해질 때까지 휘핑한 뒤 짤주머니나 지퍼백에 담습니다.

깍지가 없다면 끝부분을 톱니 모양으로 잘라주세요.

5 | 얼린 카스텔라 겉면에 따뜻한 가나슈를 빠르게 묻히고 식힘망 위에서 굳힙니다.

숟가락이나 포크를 이용하면 편리해요.

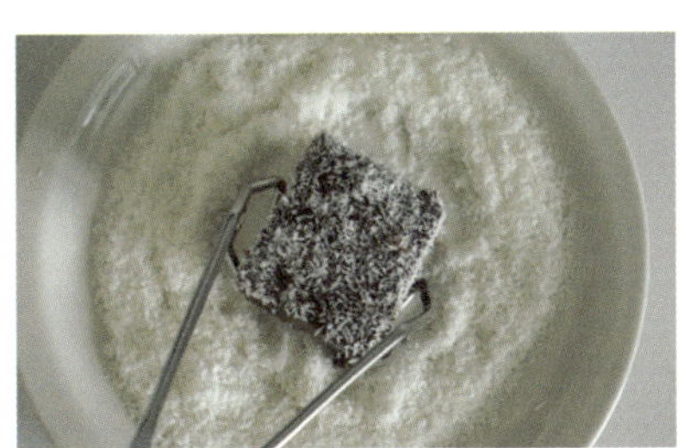

6 | 가나슈가 손에 많이 묻어나지 않을 정도로 굳으면 겉면에 코코넛 가루를 골고루 묻힙니다.

7 | 데코용 생크림과 과일로 장식합니다.

Yakgwa
Bottle cake
Yakgwa
Bottle cake

Yakgwa Bottle Cake
약과보틀케이크

K-디저트 하면 가장 먼저 떠오르는 약과! 꾸준히 사랑받는 약과에 씹을수록 고소한 인절미 크림을 더해 할미 입맛 저격하는 진정한 K-디저트를 만들었습니다. 마스카포네 치즈를 섞어 한층 더 깊어진 크림과 촉촉한 카스텔라 시트, 쫀득한 약과까지, 이 모든 걸 한 병에 담아 통째로 냉장고에 넣어놓으면 먹고 싶을 때마다 간편하게 즐길 수 있어요.

(INGREDIENTS)

○ 카스텔라 2개 ○ 약과 2개 ○ 마스카포네 치즈 150g ○ 생크림 100g ○ 물 30g
○ 조청 30g ○ 설탕 2큰술 ○ 콩가루 2큰술 ○ 시나몬 파우더 1작은술 ○ 300ml 유리병 2개

1 | 구움색이 짙은 카스텔라 윗면을 잘라내고 1.5cm 두께로 썹니다.

2 | 카스텔라를 병으로 눌러 크기에 맞게 자릅니다.

3 | 마스카포네 치즈와 차가운 상태의 생크림, 설탕, 콩가루, 시나몬 파우더를 볼에 넣고 단단해질 때까지 휘핑한 뒤 짤주머니나 지퍼백에 담습니다. 이때 데코용 콩가루를 1큰술 정도 남겨둡니다.

4 | 전자레인지에 10초간 데운 물에 조청을 넣고 잘 녹여 시럽을 만듭니다.

6 | 카스텔라와 시럽, 크림을 순서대로 한 번
더 반복한 뒤 남겨둔 콩가루를 뿌립니다.

5 | 병에 카스텔라를 깔고 조청 시럽을 골고
루 뿌린 뒤 크림을 짜서 올립니다.

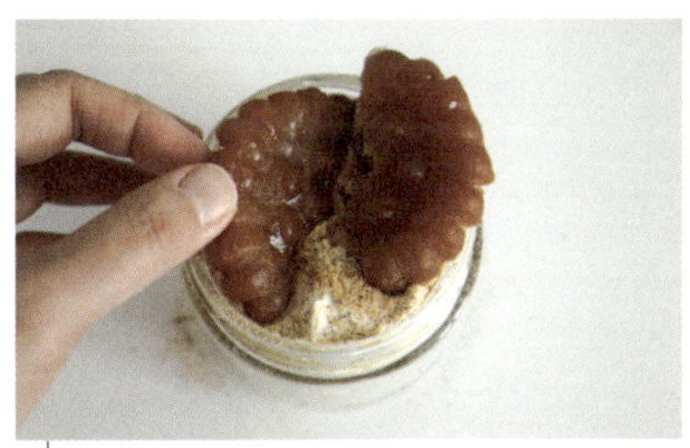

7 | 약과를 올려 마무리합니다.

남은 크림을 둥글게 짜서 올리고 깨를 뿌려
데코하면 더욱 먹음직스러워요.

Snack

곰돌이빼빼로 / 로투스티라미슈 / 바나나푸딩
롱휠파이케이크 / K-도토리묵초콜릿푸딩

과자

SPECIAL 1

Teddy Bear Pepero
곰돌이빼빼로

귀여움이 세상을 지배한다! 올해 빼빼로데이엔 귀여운 곰돌이에 마음을 담아 선물해보세요. 만드는 사람도, 보는 사람도 즐거워지는 곰돌이빼빼로는 빼빼로와 홈런볼, 초콜릿만 있으면 손쉽게 만들 수 있답니다. 동글동글 안 귀여운 구석이 없는 곰돌이빼빼로에게 마음을 빼앗길 거예요!

(INGREDIENTS)

○ 초코필드 빼빼로 1갑 ○ 홈런볼 1봉지 ○ 칼리바우트 골드 초콜릿 커버추어 150g
○ 화이트 초코펜 ○ 다크 초코펜

● 꼭 해당 초콜릿이 아니어도 골드색 초콜릿이면 다 괜찮아요.

1. 골드 초콜릿 1큰술을 짤주머니나 지퍼백에 담고 나머지 초콜릿은 볼에 담습니다.

2. 초콜릿과 초코펜 모두 중탕으로 녹입니다.

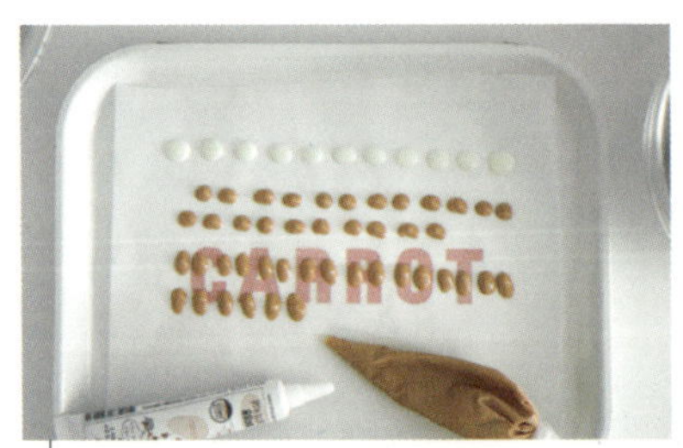

3. 접시에 종이포일을 깔고 화이트 초코펜으로 곰돌이 입을 만듭니다. 짤주머니에 담은 골드 초콜릿으로 곰돌이 귀와 팔을 만든 뒤 냉장고에 넣어 굳힙니다.

4. 홈런볼 2개를 부서지지 않도록 살살 돌리면서 빼빼로에 꽂습니다.

중탕으로 녹인 골드 초콜릿을 숟가락을
이용해 홈런볼에 얇게 코팅합니다.

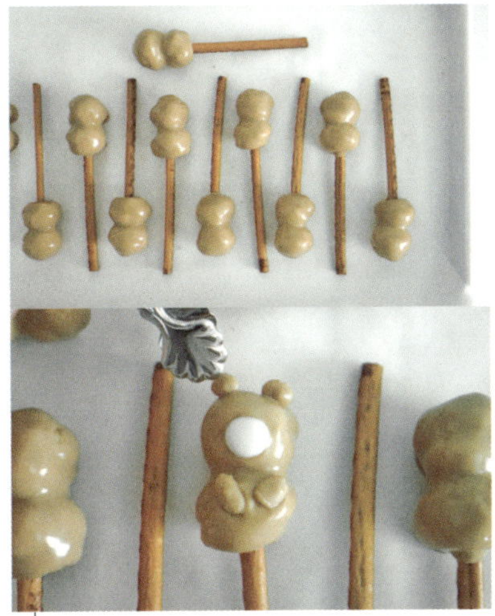

실온에 30분 정도 두어 초콜릿이 약 60%
굳었을 때 냉장고에서 굳힌 곰돌이 입,
귀, 팔을 붙입니다.

다시 냉장고에 넣어 30분 정도 굳힌 뒤
다크 초코펜으로 눈과 코를 그려 마무리
합니다.

Lotus Tiramisu
로투스티라미수

'커피 과자'라고 불리는 로투스와 진짜 커피가 만났습니다. 연유가 들어가 크리미하고 달콤한 마스카포네 치즈와 커피에 푹 적셔 더욱 향긋하고 촉촉한 로투스의 완벽한 조화! 우유팩이 없다면 아무 반찬통을 사용해 만들어보세요. 뚜껑이 있는 용기라면 보관도 용이하겠죠?

INGREDIENTS

○ 로투스 15개(티라미수용 10개, 데코용 5개) ○ 인스턴트 블랙 커피 가루 3포(5g)
○ 마스카포네 치즈 400g ○ 따뜻한 물 60g ○ 연유 8큰술 ○ 500ml 이상 우유팩

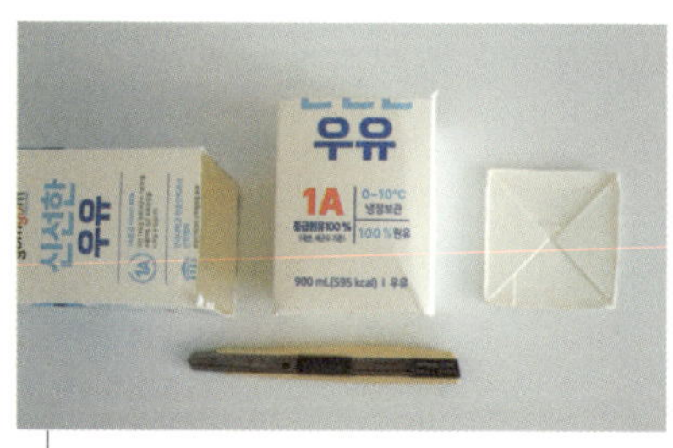

2 | 우유팩은 약 10cm를 남기고 위아래를 칼로 자른 뒤 접시에 올립니다.

1 | 실온에 두어 말랑해진 마스카포네 치즈를 볼에 넣고 잘 풀어준 뒤 연유를 넣고 섞어 크림을 만듭니다.

3 | 따뜻한 물에 블랙 커피 가루를 잘 풀고 티라미수용 로투스를 적십니다.

4 | 우유팩에 로투스 6개를 지그재그로 쌓고 크림을 60% 채웁니다.

빈틈없이 꾹꾹 눌러 채운다는 느낌으로 넣어주세요!

5. 나머지 로투스를 한 번 더 지그재그로 쌓고 크림을 가득 채운 뒤 냉장고에 넣어 최소 2시간 이상 굳힙니다.

6. 우유팩 옆부분을 칼로 그어 조심스럽게 분리합니다.

7. 티라미수 겉면을 칼등으로 고르게 다듬습니다.

8. 데코용 로투스 중 4개는 봉지째 부숴 올리고 나머지 1개는 통째로 꽂아 마무리합니다.

Banana Pudding
바나나푸딩

이름은 푸딩이지만 흔히 알고 있는 푸딩과는 조금 다른 모양의 바나나푸딩을 소개합니다. 부드러운 커스터드 크림을 만난 우유 맛 과자가 입안에서 사르르 녹아 없어져요. 바나나의 달큰한 향도 포인트! 취향에 따라 원하는 과자를 넣으면 새로운 푸딩으로 변신한답니다.

(INGREDIENTS)

○ 빼빼 2봉지 혹은 달걀과자 80g ○ 바나나 2개 ○ 생크림 200g
○ 커스터드 크림 160g(24p 참고) ○ 크림치즈 20g ○ 설탕 1.5큰술

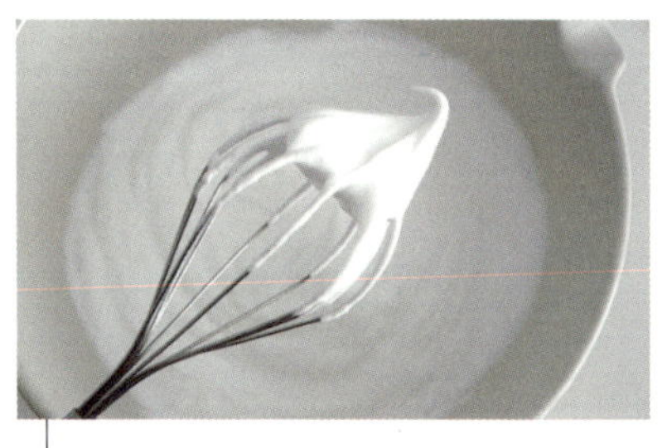

1 차가운 상태의 생크림과 설탕을 볼에 넣고 단단해질 때까지 휘핑합니다.

2 바나나는 껍질을 벗기고 얇게 썹니다.

3 실온에 두어 말랑해진 크림치즈를 볼에 넣고 잘 풀어준 뒤 커스터드 크림과 섞습니다.

4 휘핑한 생크림을 넣고 한 번 더 골고루 섞습니다.

5 │ 크림에 과자와 바나나를 넣고 가볍게 섞은 뒤 냉장고에서 최소 6시간 이상 굳힙니다. 이때 데코용 과자와 바나나를 남겨 둡니다.

하룻밤 정도 숙성시키면 더욱 맛있어요.

6 │ 차갑게 굳은 푸딩을 접시에 담은 뒤 남겨둔 과자와 바나나로 데코해 마무리합니다.

Mon Cher Pie Cake
몽쉘파이케이크

큼직한 홀케이크 한 판을 사기에는 부담 될 때 몽쉘과 초코파이로 아기자기 하고 귀여운 케이크를 만들어보세요. 이미 맛있는 과자에 달콤하고 부드러운 우유 크림을 더한 귀엽고 사랑스러운 몽쉘파이케이크가 평범한 일상을 특별 하게 만들어줄 테니까요!

(**INGREDIENTS**)

○ 초코파이 6개 ○ 몽쉘 4개 ○ 생크림 300g ○ 우유 30g ○ 설탕 2큰술
○ 식용색소(갈색, 황토색, 검은색, 빨간색)

1 초코파이를 볼에 담고 으깹니다.

2 으깬 초코파이에 우유를 넣고 다시 골고루 섞은 뒤 곰돌이 귀, 팔, 다리 모양으로 둥글게 빚습니다.

3 차가운 상태의 생크림과 설탕을 볼에 넣고 단단해질 때까지 휘핑합니다. 볼 3개를 더 준비해 1국자씩 나눠 담아 총 4볼의 생크림을 준비합니다.

264

4 | 각 볼에 색소를 조금씩 넣어가며 연갈색, 연미색, 회색, 분홍색 4가지 색상을 조색한 뒤 짤주머니나 지퍼백에 담습니다.

검은색 색소를 약간씩 섞으면 특유의 형광빛이 사라져요.

5 | 케이크 판 혹은 접시 위에 몽쉘을 겹쳐 쌓은 뒤 뭉친 초코파이를 곰돌이 모양에 맞게 올립니다.

6 | 연갈색 크림을 전체적으로 바른 뒤 연미색, 회색 순으로 곰돌이 비주얼을 완성합니다.

7 | 분홍색 크림으로 리본을 그려 마무리합니다.

266

K-Dotorimuk Chocolate Pudding

K-도토리묵초콜릿푸딩

단 4가지 재료로 만드는 이 초콜릿푸딩은 시장에서 파는 도토리묵과 비슷한 비주얼이지만 맛은 전혀 다르답니다. 쌉싸름하고 진한 다크 초콜릿과 우유가 만나 입에서 녹아 없어지는 몽글 탱글한 K-도토리묵초콜릿푸딩, 궁금하다면 이렇게만 따라 하세요!

INGREDIENTS

○ 다크 초콜릿 200g ○ 우유 900g ○ 설탕 13큰술 ○ 한천 가루 1큰술
○ 900ml 우유팩 혹은 미니 파운드 틀

● 젤라틴을 사용하면 젤리처럼 탱글한 식감이 되니 꼭 한천 가루를 사용하세요! 한천 가루를 넣으면 잇몸으로도 씹을 수 있을 만큼 부드러운 식감이 됩니다.

1 | 냄비에 우유와 설탕, 한천 가루를 넣고 잘 섞습니다.

2 | 초콜릿을 넣고 녹을 때까지 약불에서 잘 젓습니다.

3 | 끓어오르기 시작하면 틀이나 우유팩에 부어 한 김 식힌 뒤 냉장고에서 최소 3시간 이상 굳힙니다.

4 │ 굳은 초콜릿푸딩을 틀에서 분리해 먹기 좋은 크기로 썹니다.

파운드 틀을 사용했을 경우 따뜻한 물에 적신 타월로 틀을 감싸주면 쉽게 분리됩니다.
우유팩을 사용했을 경우엔 팩 모서리를 따라 칼로 그어 분리하세요.

제 요리를 사랑해주시는 많은 분들의 응원 덕분에 이 책을 낼 수 있었어요. 감사의 마음을 담아 인스타그램 팔로워분들을 대상으로 신청을 받아 탄생한 메뉴입니다. 시중에서 쉽게 구입 가능한 빵과 재료로 누구나 간단하게 만들 수 있으니 맛있게 즐겨주세요!

Bonus

캐러멜라떼치즈케이크 / 로티화 몬테크리스토 / 앙절미모나카

신청 메뉴

SPECIAL 2

VOYAGE®
Thanks D
Merci d'avoir acheté notre
Nous espérons que nos produits deviendront
VOYAGE

Eggmayo Toast
에그범벅토스트

주말 아침, 가족들과 오순도순 둘러앉아 따뜻하고 행복하게 먹기 딱 좋은 에그범벅토스트는 소중한 팔로워 **@coo_k***** 님께서 신청해주신 메뉴입니다. 버터의 풍미가 그대로 더해진 바삭한 식빵에 크리미하고 달콤한 에그범벅을 가득 채웠어요. 따사로운 아침 햇살 만끽하며 부담 없이 즐겨주세요!

INGREDIENTS

○ 식빵 2장 ○ 달걀 6개 ○ 무염버터 20g ○ 마요네즈 6큰술 ○ 허니 머스터드 1큰술
○ 설탕 1큰술 ○ 꿀 1큰술 ○ 소금 1꼬집

1 | 냄비에 달걀이 잠길 정도로 물을 붓고 끓어오르면 실온의 달걀을 넣어 7분간 삶습니다.

2 | 버터를 두른 팬에 식빵을 올리고 약불에서 앞뒤로 노릇하게 굽습니다.

3 | 식빵 한쪽 면에 마요네즈 1큰술을 발라 앞뒤로 1분간 더 굽습니다. 나머지 식빵에도 같은 과정을 반복합니다.

4 | 칼등으로 식빵 가운데를 가볍게 눌러 살짝 접고 접시에 담아 칼이나 포크 등으로 받쳐 고정한 채 잠시 식힙니다.

5 │ 삶은 달걀의 껍질을 까 대충 다집니다.

6 │ 꿀을 제외한 나머지 재료를 다진 달걀과 함
께 볼에 넣고 섞어 에그범벅을 만듭니다.

7 │ 식빵에 에그범벅을 올리고 꿀을 뿌려 마
무리합니다.

꿀은 취향에 따라 가감하세요.

Monte Cristo
with Tteokbokki Sauce
복희와 몬테크리스토

심신이 극도로 지쳐 입맛이 없을 땐 고칼로리의 기름지고 느끼한 음식이 오히려 기운을 북돋아주기도 하죠. 이럴 때 든든한 한 끼 식사로 좋은 몬테크리스토는 소중한 팔로워 **@lia_sy_j*** 님께서 신청해주신 메뉴입니다. 햄과 치즈를 가득 넣고 새우깡을 묻혀 바삭하게 튀긴 토스트와 느끼함을 잡아줄 떡볶이 소스까지. 짭짤 고소한 새우깡과 매콤 달콤한 소스가 아주 조화롭답니다!

$$\text{INGREDIENTS}$$

○ 식빵 3장 ○ 새우깡 1봉지 ○ 달걀 2개 ○ 슬라이스 치즈 4장 ○ 샌드위치 햄 4장
○ 식용유 5큰술
떡볶이 소스 ○ 물 100g ○ 고추장 1큰술 ○ 고춧가루 1큰술 ○ 설탕 1큰술 ○ 간장 1큰술

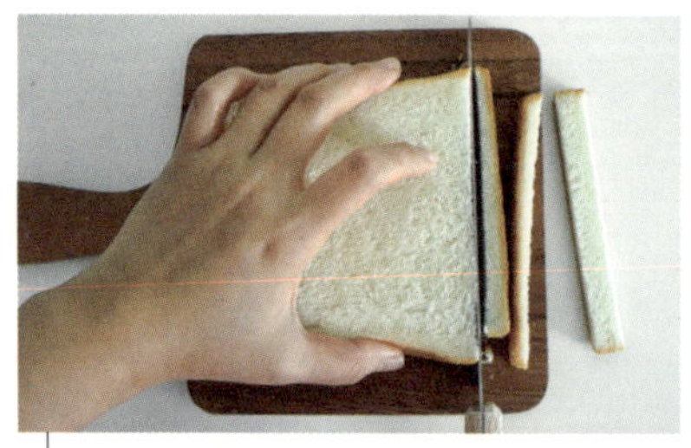

1 식빵 가장자리를 잘라냅니다.

2 식빵 위에 치즈 1장, 햄 2장, 치즈 1장 순으로 쌓습니다.

3 식빵을 덮고 2번을 한 번 더 반복한 뒤 식빵을 덮습니다.

4 밀대나 컵을 이용해 새우깡을 봉지째 잘게 부숩니다.

5 낮은 볼에 달걀을 잘 풀어준 뒤 식빵을 담가 달걀물을 골고루 묻힙니다.

6 | 달걀물을 입힌 식빵에 잘게 부순 새우깡을 묻힙니다.

7 | 식용유를 두른 팬에 식빵을 올리고 약불에서 모든 면을 노릇하게 굽습니다.

8 | 냄비에 떡볶이 소스 재료를 모두 넣고 약불에서 3분간 끓입니다.

9 | 토스트를 4등분하고 접시에 담아 떡볶이 소스를 뿌립니다.

Angjeolmi Butter Monaka
앙절미모나카

소중한 팔로워 **@jewel.l***** 님께서 신청해주신 메뉴입니다. 모나카를 먹고 싶어 하는 친구를 위해 집 근처 마트를 여러 곳 돌아다닌 끝에 선물했는데, 별것 아닌 모나카 한 봉지에도 미소를 보이며 좋아했다고 해요. 그 기억을 떠올리며 신청하셨습니다. 고소한 콩가루 가득 묻은 쫀득한 인절미와 달콤한 팥앙금, 풍미 짙은 버터를 아우를 바삭한 모나카 깍지의 완벽한 조합! 할미 입맛의 소유자라면 무조건 먹어봐야 합니다.

(INGREDIENTS)

○ 모나카 깍지 6개 ○ 인절미 6개 ○ 연양갱 4개 ○ 가염버터 45g(15g씩 3조각)

● 모나카 깍지는 온라인 쇼핑몰에서 쉽게 구할 수 있어요.

1. 볼에 연양갱을 잘라 넣고 전자레인지에 1분간 데웁니다.

2. 녹은 양갱을 포크로 으깨고 실온에서 15분간 식힌 뒤 둥글납작한 모양으로 빚습니다.

3. 접시에 모나카 깍지를 깔고 인절미 2개, 양갱, 버터 순으로 올린 뒤 모나카 깍지를 덮습니다.

버터의 풍미가 중요하기 때문에 질 좋은 버터를 사용하는 것을 추천해요.

284

PLANNING AND PREPARING   55
...hink this might work, but I value your opinion.
...hat might work even better."
...get the right help, ask the right ques...
Cultivating a... ...age
In a well-known commercial, tenn...
Agassi once proffered the advic...
everything."
That same year, a prospecti...
help him cultivate an imag...
tioning ...on to him: "...
in... ...iness?"
...wered, "Class...
...comment soun...
...assy" person say i...
He wanted us to...
You can't.
The person b...
eventually, if...

매일 다르게 골라 먹는 일간 빵집

예쁘게 만들고 맛있게 즐기는 8가지 기본 빵 요리

1판 1쇄 찍음 2024년 3월 18일
1판 1쇄 펴냄 2024년 3월 25일

글·사진 신재임

편집 황유라 정예슬 김지향
디자인 onmypaper
식기 협찬 앨리건트테이블
미술 김낙훈 한나은 김혜수 이미화
마케팅 정대용 허진호 김채훈 홍수현 이지원 이지혜 이호정
홍보 이시윤 윤영우
저작권 남유선 김다정 송지영
제작 임지헌 김한수 임수아 권순택
관리 박경희 김지현 이지은

펴낸이 박상준
펴낸곳 세미콜론
출판등록 1997. 3. 24. (제16-1444호)
06027 서울특별시 강남구 도산대로1길 62
대표전화 515-2000 팩시밀리 515-2007
편집부 517-4263 팩시밀리 515-2329

세미콜론은 민음사 출판그룹의
만화·예술·라이프스타일 브랜드입니다.
www.semicolon.co.kr

트위터 semicolon_books
인스타그램 semicolon.books
페이스북 SemicolonBooks
유튜브 세미콜론TV

ISBN 979-11-92908-70-0 13590